职业教育赛教一体化课程改革系列规划教材

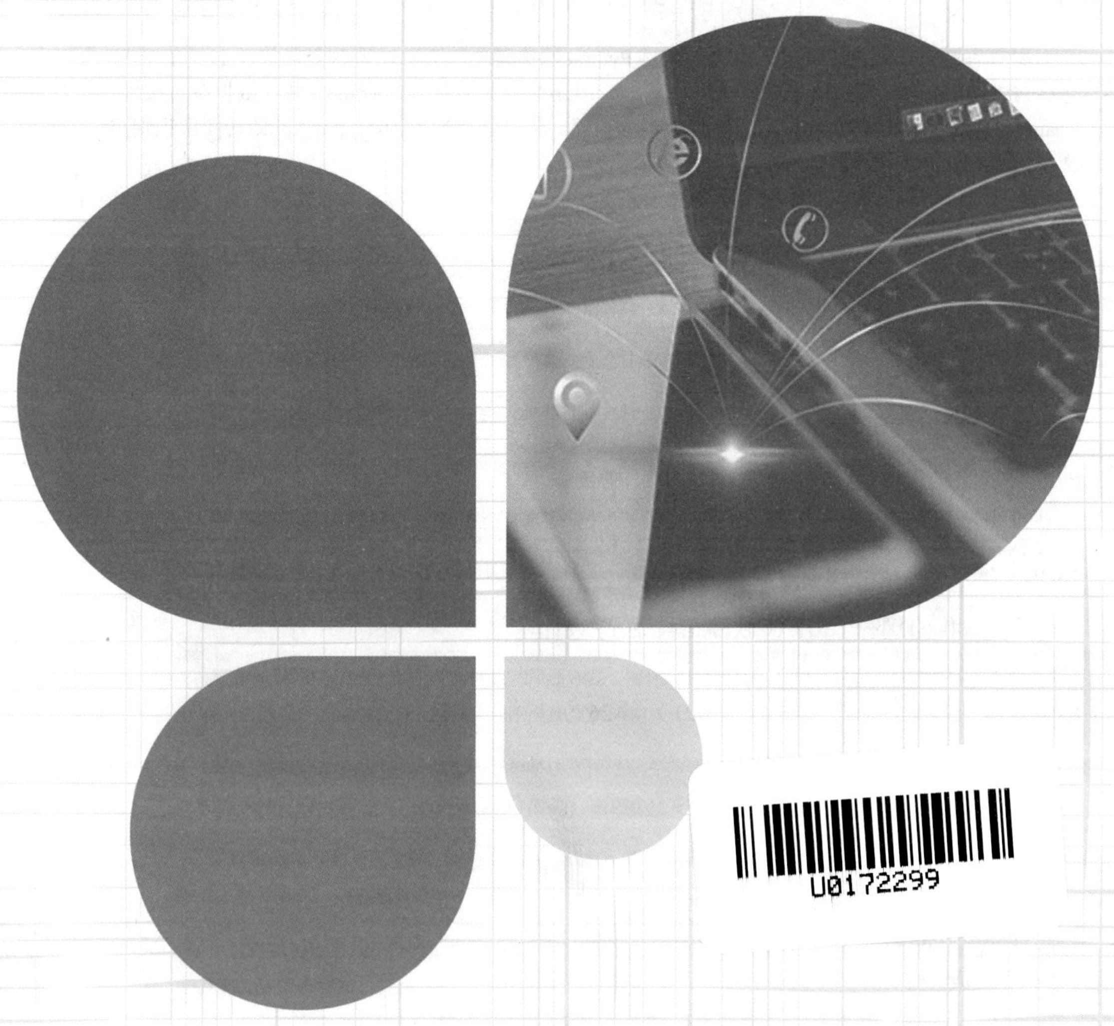

Python网络爬虫实战

Python WANGLUO PACHONG SHIZHAN

邓晨曦　主　编
陈家枫　李明海　田　勇　向　涛　副主编

中国铁道出版社有限公司
CHINA RAILWAY PUBLISHING HOUSE CO., LTD.

内 容 简 介

本书基于 Python 3，系统全面地讲解了 Python 网络爬虫的基础知识。全书共分 11 章，内容包括网络爬虫概述、网页请求原理与爬虫基础、urllib 库与异常处理、requests 库、数据解析技术、Beautiful Soup 库、动态页面爬取、爬虫数据的存储、爬虫框架 Scrapy、CrawlSpider、图像识别与文字处理。

本书适合作为高等职业院校电子信息类各专业的教材，也可作为培训学校的培训教材，以及 Python 爬虫爱好者的自学用书。

图书在版编目（CIP）数据

Python 网络爬虫实战/邓晨曦主编.—北京:中国铁道出版社有限公司, 2022.2（2023.7 重印）
职业教育赛教一体化课程改革系列规划教材
ISBN 978-7-113-28658-3

Ⅰ.①P… Ⅱ.①邓… Ⅲ.①软件工具-程序设计-职业教育-教材 Ⅳ.①TP311.56

中国版本图书馆 CIP 数据核字（2021）第 267907 号

书　　名：Python 网络爬虫实战
作　　者：邓晨曦

策　　划：徐海英　王春霞　　　　编辑部电话：（010）63551006
责任编辑：王春霞　彭立辉
封面制作：刘　颖
责任校对：苗　丹
责任印制：樊启鹏

出版发行：中国铁道出版社有限公司（100054，北京市西城区右安门西街 8 号）
网　　址：http://www.tdpress.com/51eds/
印　　刷：三河市国英印务有限公司
版　　次：2022 年 2 月第 1 版　2023 年 7 月第 2 次印刷
开　　本：850 mm×1 168 mm 1/16　印张：11.75　字数：299 千
书　　号：ISBN 978-7-113-28658-3
定　　价：39.00 元

前 言

党的二十大报告指出："统筹职业教育、高等教育、继续教育协同创新，推进职普融通、产教融合、科教融汇，优化职业教育类型定位。"从二十大报告可以看出，校企合作、产教融合是职业教育类型特征，是贯穿职业教育人才培养、课程建设与教材建设的主线。本教材落实二十大报告精神，对接企业岗位需求，由校企人员共同合作，立足于产教融合和校企合作的理念，旨在帮助学习者掌握Python编程语言以及网络爬虫技术。通过理论与实践相结合的方式，致力于培养学生的动手能力和解决问题的思维，使其具备在实际项目中应用网络爬虫进行数据采集和分析的能力。

本书基于Python 3，系统全面地讲解了Python网络爬虫的基础知识。全书共分11章，具体介绍如下：

第1、2章主要介绍网络爬虫的概念及实现原理，希望读者能够明白爬虫爬取网页的过程，并对产生的一些问题有所了解。

第3~6章详细介绍了网页数据解析的相关技术，包括urllib库的使用、requests库、lxml、XPath、Beautiful Soup等。

第7章主要介绍动态网页爬取的内容，希望读者掌握抓取动态网页的一些技巧。

第8章主要介绍爬虫数据存储的内容，包括使用MySQL与MongoDB数据库进行数据存储的相关知识。通过案例实操，讲解了如何一步步从网站中爬取、解析、存储电影信息。希望读者在存储爬虫数据时根据具体情况灵活选择合理的技术进行运用。

第9、10章主要介绍爬虫框架Scrapy以及自动爬取网页的爬虫CrawlSpider的相关知识。通过对这两章的学习，可了解框架的基本知识与应用，为以后深入学习打下坚实基础。

第11章主要介绍图像识别与文字处理等内容，希望读者学会处理一些字符格式规范的图像和简单的验证码。

本书由湖南环境生物职业技术学院的邓晨曦任主编，武汉唯众智创科技有限公司的陈家枫、仙桃职业学院的李明海、襄阳职业技术学院的田勇、重庆工商职业学院的向涛任副主编。

具体分工如下：邓晨曦编写第1章、第2章、第5章、第6章、第8章、第11章；陈家枫编写第3章、第4章；李明海编写第7章；田勇编写第9章；向涛编写第10章。全书由邓晨曦统稿。

由于时间仓促，编者水平有限，书中难免存在疏漏与不妥之处，敬请广大读者批评指正。

编　者

2021年7月

目 录

第1章 网络爬虫概述

在大数据时代，互联网成了人们获取信息的主要手段，人们习惯利用百度等搜索引擎查找直接需要的信息与网站，那么搜索引擎是怎样找到这些网站的？其实，类似百度这样的搜索引擎都是使用网络爬虫从互联网上爬取数据的。本章就对爬虫知识进行详细介绍，让大家对爬虫有基本的了解。

1.1 爬虫产生背景

如今，人类社会已经进入了大数据时代，通过对大量的数据进行分析，能够产生极大的商业价值。数据已经成为必不可少的部分，因此数据的获取非常重要。数据的获取方式有以下几种。

视频

爬虫产生的背景

1.1.1 企业产生的数据

企业在生产运营中会产生与自身业务相关的大量数据，例如，百度搜索指数、腾讯公司业绩数据、阿里巴巴集团财务及运营数据、新浪微博微指数等。

大型互联网公司拥有海量用户，有天然的数据积累优势。一些有数据意识的中小型企业，也开始积累自己的数据。

1.1.2 数据平台购买的数据

数据平台是以数据交易为主营业务的平台，例如，数据堂、国云数据市场、贵阳大数据交易所等数据平台。

在各个数据交易平台上购买各行各业各种类型的数据，根据数据信息、获取难易程度的不同，价格也会有所不同。

1.1.3 政府 / 机构公开的数据

政府和机构也会公开一些数据，成为业内权威信息的来源。例如，中华人民共和国国家统计局数据、中国人民银行调查统计、世界银行公开数据、联合国数据、纳斯达克数据、新浪财经美股实时行情等。这些数据通常都是各地政府统计上报，或者由行业内专业的网站、机构等提供。

1.1.4 数据管理咨询公司的数据

数据管理咨询公司为了提供专业的咨询服务，会收集和提供与特定业务相关的数据作为支撑。这些管理咨询公司数量众多，如麦肯锡、埃森哲、尼尔森、艾瑞咨询等。通常，这样的公司都有庞大的数据团队，一般通过市场调研、问卷调查、固定的样本检测、与各行各业的其他公司合作、专家对话来获取数据，并根据客户需求制定商业解决方案。

1.1.5 爬取的网络数据

如果数据市场上没有需要的数据，或者价格太高不愿意购买，可以利用爬虫技术，爬取网站上的数据。

无论是搜索引擎，还是个人或单位获取目标数据，都需要从公开网站上爬取大量数据，在此需求下，爬虫技术应运而生，并迅速发展成为一门成熟的技术。

1.2 爬虫的概念

视频

什么是爬虫

网络爬虫又称网页蜘蛛、网络机器人，在 FOAF 社区中间经常称为网页追逐者。如果把互联网比作一张大的蜘蛛网，那么一台计算机上的数据就是蜘蛛网上的一个猎物，而爬虫程序就是一只小蜘蛛，沿着蜘蛛网抓取自己想要的猎物数据。

这里的数据是指互联网上公开的并且可以访问到的网页信息，而不是网站的后台信息（没有权限访问），更不是用户注册的信息（非公开的）。

爬虫官方的名字叫数据采集，英文一般称作 Spider，就是通过编程来全自动地从互联网上采集数据。人们常用的搜索引擎就是一种爬虫，爬虫需要做的就是模拟正常的网络请求，例如，在网站上点击一个网址，就是一次网络请求。

Python 爬虫是用 Python 编程语言实现的网络爬虫，主要用于网络数据的爬取和处理。相比于其他语言，Python 是一门非常适合开发网络爬虫的编程语言，它具有大量内置包，可以轻松地实现网络爬虫功能。

1.3 爬虫的用途

Python 爬虫可以做的事情很多，如搜索数据、采集数据、广告过滤等，还可以用于数据分析，在数据的爬取方面作用非常大。下面通过一张图来总结网络爬虫的常用功能，如图 1-1 所示。

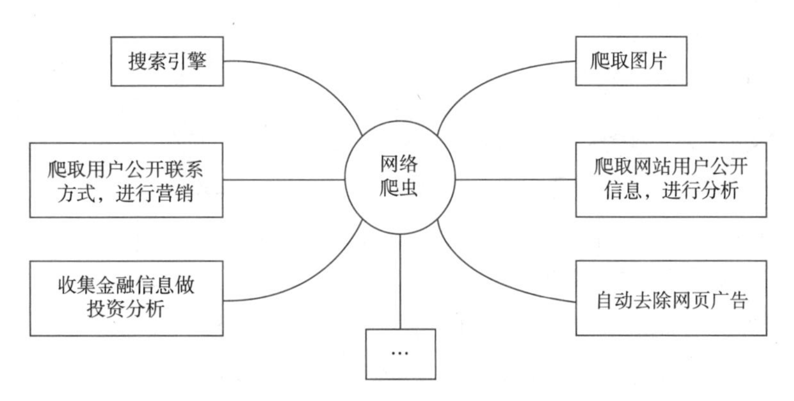

图 1-1　爬虫的常用功能

（1）通过网络爬虫可以代替手工完成很多事情。例如，使用网络爬虫搜集金融领域的数据资源，将金融经济的发展与相关数据进行集中处理，能够为金融领域的各个方面（如经济发展趋势、金融投资、风险分析等）提供“数据平台”。

（2）浏览网页上的信息时，会看到上面有很多广告信息，十分扰人。这时，可以利用网络爬虫将网页上的信息全部爬取下来，自动过滤掉这些广告，便于对信息的阅读。

（3）大数据时代，要进行数据分析，首先要有数据源，而学习爬虫，可以让人们获取更多的数据源，并且这些数据源可以按人们的目的进行采集，去掉很多无关数据。

从某个网站中购买商品时，需要知道诸如畅销品牌、价格走势等信息。对于非网站管理员而言，手动统计是一个很大的工程。这时，可以利用网络爬虫轻松地采集到这些数据，以便做出进一步的分析。

（4）推销一些理财产品时，需要找到一些目标客户和他们的联系方式。这时，可以利用网络爬虫设置对应的规则，自动从互联网中采集目标用户的联系方式等，以进行营销使用。

（5）从互联网中采集信息是一项重要的工作，如果单纯地靠人力进行信息采集，不仅低效烦琐，而且消耗成本高。爬虫的出现在一定程度上代替了手工访问网页，实现自动化采集互联网的数据，从而更高效地利用互联网中的有效信息。

1.4 爬虫的组成

网络爬虫由控制节点、爬虫节点、资源库组成。网络爬虫中可以有多个控制节点，每个控制节点下有多个爬虫节点，控制节点之间可以互相通信，同时，控制节点和其下的各爬虫节点之间也可以进行相互通信，如图 1-2 所示。

（1）控制节点：也称为爬虫的中央控制器，主要负责根据 URL 地址分配线程，并调用爬虫节点进行具体的爬行。

（2）爬虫节点：按照设置的算法，对网页进行具体的爬行，主要包括下载网页以及对网页的文本进行处理，爬行后，会将对应的爬行结果存储到对应的资源库中。

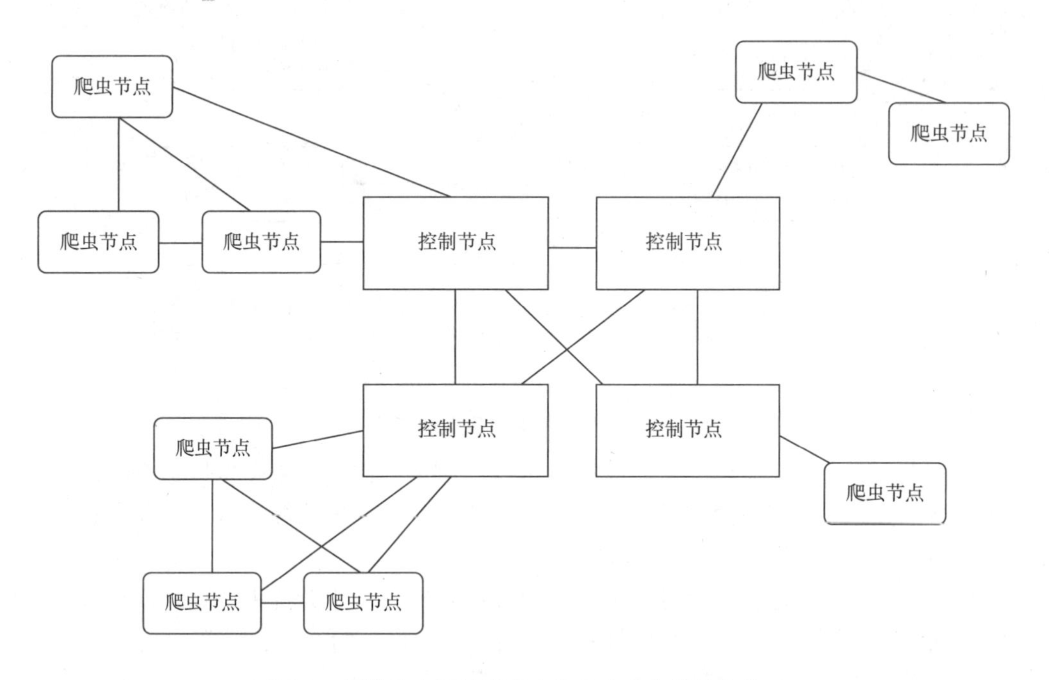

图 1-2 网络爬虫的控制节点和爬虫节点的结构关系

1.5 爬虫的类型

通常可以按照不同的维度对网络爬虫进行分类，例如，按照使用场景，可将爬虫分为通用爬虫和聚焦爬虫；按照爬取形式，可分为累积式爬虫和增量式爬虫；按照爬取数据的存在方式，可分为表层爬虫和深层爬虫。在实际应用中，网络爬虫系统通常是这几类爬虫的组合体。

1.5.1 通用爬虫

通用爬虫是搜索引擎爬取系统（如 Baidu.、Google、Yahoo 等）的重要组成部分，主要目的是将互联网上的网页下载到本地,形成一个互联网内容的镜像备份。聚焦爬虫是“面向特定主题需求”的一种网络爬虫程序。

通用网络爬虫又称全网爬虫（Scalable Web Crawler），爬行对象从一些种子 URL 扩充到整个 Web，主要为门户站点搜索引擎和大型 Web 服务提供商采集数据。 由于商业原因，它们的技术细节很少公布出来。这类网络爬虫的爬行范围和数量巨大，对于爬行速度和存储空间要求较高，对于爬行页面的顺序要求相对较低，同时由于待刷新的页面太多，通常采用并行工作方式，但需要较长时间才能刷新一次页面。通用网络爬虫适用于为搜索引擎搜索广泛的主题，有较强的应用价值。

通用网络爬虫的结构大致可以分为页面爬行模块 、页面分析模块、链接过滤模块、页面数据库、URL 队列、初始 URL 集合几部分。为了提高工作效率，通用网络爬虫会采取一定的爬行策略。 常用的爬行策略有深度优先策略、广度优先策略。

（1）深度优先策略：其基本方法是按照深度由低到高的顺序，依次访问下一级网页链接，直到不能再深入为止。爬虫在完成一个爬行分支后返回到上一链接节点进一步搜索其他链接。当所有链接遍历完后，爬行任务结束。这种策略比较适合垂直搜索或站内搜索，但爬行页面内容层次较深的站点时会造成资源的巨大浪费。

（2）广度优先策略：此策略按照网页内容目录层次深浅来爬行页面，处于较浅目录层次的页面首先被爬行。当同一层次中的页面爬行完毕后，爬虫再深入下一层继续爬行。这种策略能够有效控制页面的爬行深度，避免遇到一个无穷深层分支时无法结束爬行的问题，实现方便，无须存储大量中间节点，不足之处在于需要较长时间才能爬行到目录层次较深的页面。

1.5.2　聚焦爬虫

聚焦爬虫又称主题网络爬虫，是指选择性地爬行那些与预先定义好的主题相关的页面的网络爬虫。与通用爬虫相比，聚焦爬虫只需要爬行与主题相关的页面，从而极大地节省了硬件和网络资源；保存的页面也由于数量少而更新快，可以很好地满足一些特定人群对特定领域信息的需求。

聚焦网络爬虫和通用网络爬虫相比，增加了链接评价模块以及内容评价模块。聚焦爬虫爬行策略实现的关键是评价页面内容和链接的重要性，不同的方法计算出的重要性不同，由此导致链接的访问顺序也不同 。

（1）基于内容评价的爬行策略：DeBra 将文本相似度的计算方法引入到网络爬虫中，提出了 Fish Search 算法，它将用户输入的查询词作为主题，包含查询词的页面被视为与主题相关，其局限性在于无法评价页面与主题相关度的高低。Herseovic 对 Fish Search 算法进行了改进，提出了 Sharksearch 算法，利用空间向量模型计算页面与主题的相关度大小 。

（2）基于链接结构评价的爬行策略：Web 页面作为一种半结构化文档，包含很多结构信息，可用来评价链接的重要性。PageRank 算法最初用于搜索引擎信息检索中对查询结果进行排序，也可用于评价链接的重要性，具体做法就是每次选择 PageRank 值较大页面中的链接来访问。另一个利用 Web 结构评价链接价值的方法是 HITS（Hyperlink-Induced Topic Search，超文本敏感标题搜索）方法，它通过计算每个已访问页面的 Authority 权重和 Hub 权重，并以此决定链接的访问顺序。

（3）基于增强学习的爬行策略：Rennie 和 McCallum 将增强学习引入聚焦爬虫，利用贝叶斯分类器，根据整个网页文本和链接文本对超链接进行分类，为每个链接计算出重要性，从而决定链接的访问顺序。

（4）基于语境图的爬行策略：Diligenti 等人提出了一种通过建立语境图（Context Graphs）学习网页之间的相关度，训练一个机器学习系统，通过该系统可计算当前页面到相关 Web 页面的距离，距离越近的页面中的链接优先访问。印度理工大学（IIT）和 IBM 研究中心的研究人员开发了一个典型的聚焦网络爬虫。该爬虫对主题的定义既不是采用关键词也不是加权矢量，而是一组具有相同主题的网页。它包含两个重要模块：一个是分类器，用来计算所爬行的页面与主题的相关度，确定是否与主题相关；另一个是净化器，用来识别通过较少链接连接到大量相关页面的中心页面。

1.5.3 累积式和增量式爬虫

1. 累积式爬虫

累积式爬虫是指从某一个时间点开始，通过遍历的方式爬取系统所允许存储和处理的所有网页。在理想的软硬件环境下，经过足够的运行时间，采用累积式爬取的策略可以保证爬取到相当规模的网页集合。但由于 Web 数据的动态特性，集合中网页的被爬取时间点是不同的，页面被更新的情况也不同，因此累积式爬取到的网页集合事实上并无法与真实环境中的网络数据保持一致。

2. 增量式爬虫

增量式爬虫是指在具有一定量规模的网络页面集合的基础上，采用更新数据的方式选取已有集合中的过时网页进行爬取，以保证所爬取到的数据与真实网络数据足够接近。进行增量式爬取的前提是，系统已经爬取了足够数量的网络页面，并具有这些页面被爬取的时间信息。

与周期性爬行和刷新页面的网络爬虫相比，增量式爬虫只会在需要时爬行新产生或发生更新的页面，并不重新下载没有发生变化的页面，可有效减少数据下载量，及时更新已爬行的网页，减少时间和空间上的耗费，但是增加了爬行算法的复杂度和实现难度。

面向实际应用环境的网络蜘蛛设计中，通常既包括累积式爬取，也包括增量式爬取。累积式爬取一般用于数据集合的整体建立或大规模更新阶段；而增量式爬取则主要针对数据集合的日常维护与即时更新。

1.5.4 表层爬虫和深层爬虫

Web 页面按存在方式可以分为表层网页和深层网页。针对这两种网页的爬虫分别叫作表层爬虫和深层爬虫。

1. 表层爬虫

爬取表层网页的爬虫叫作表层爬虫。表层网页是指传统搜索引擎可以索引，以超链接可以到达的静态网页为主构成的 Web 页面。

2. 深层爬虫

爬取深层网页的爬虫叫作深层爬虫。深层网页是那些大部分内容不能通过静态链接获取的、隐藏在搜索表单后的，只有用户提交一些关键词才能获得的 Web 页面。例如，用户注册后内容才可见的网页就属于深层网页。

在互联网中，深层网页的数量往往比表层网页的数量要多很多。

与表层网页相比，深层网页上的数据爬取更加困难，要采用一定的附加策略才能够自动爬取。

爬取深层页面，需要想办法自动填写好对应的表单，所以，深层网络爬虫最重要的部分即为表单填写部分。

深层网络爬虫主要由 URL 列表、LVS 列表（LVS 指的是标签 / 数值集合，即填充表单的数据源）、爬行控制器、解析器、LVS 控制器、表单分析器、表单处理器、响应分析器等部分构成。

深层爬虫爬行过程中最重要的部分就是表单填写，包含两种类型：

（1）基于领域知识的表单填写：简单地说就是建立一个填写表单的关键词库，通过语义分析来选取合适的关键词填写表单。

（2）基于网页结构分析的表单填写：此方法一般无领域知识或仅有有限的领域知识，将网页表单表示成 DOM 树，从中提取表单各字段的值并自动地进行表单填写。

第2章 网页请求原理与爬虫基础

在第1章中，我们对网络爬虫有了初步的认识。本章主要介绍爬虫实现原理，并结合网页浏览的过程介绍基于HTTP请求的原理，以及HTTP抓包工具Fiddler。

2.1 爬虫实现原理

在第1章中我们已经了解了爬虫分类。不同类型的网络爬虫，其实现原理也是不同的，但这些实现原理中，会存在很多共性。本章将分别以两种典型的网络爬虫为例（即通用网络爬虫和聚焦网络爬虫），讲解网络爬虫的实现原理。

2.1.1 通用爬虫

通用爬虫从互联网中搜集网页、采集信息，采集的网页信息可为搜索引擎建立索引提供支持，决定着整个引擎系统的内容是否丰富，信息是否及时，因此其性能的优劣直接影响着搜索引擎的效果。

首先看一下通用网络爬虫的实现原理。通用爬虫爬取网页的流程（见图2-1）简要概括如下：

（1）选取一部分种子URL，将这些URL放入待爬取的URL队列。

（2）取出待爬取的URL，解析DNS得到主机的IP，并下载URL对应的网页，存储到已下载的网页库中，并且将这些URL放进已爬取的URL队列。

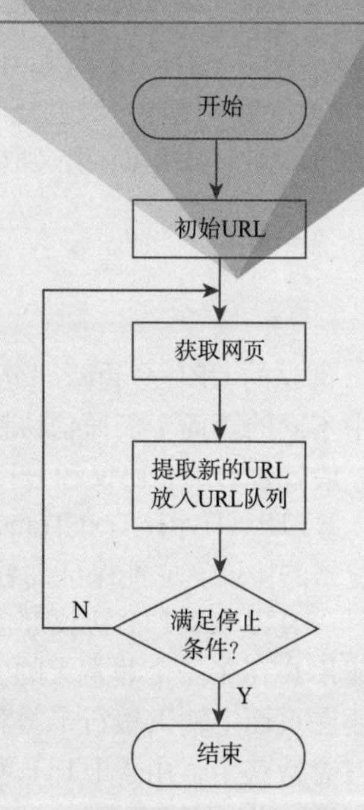

图2-1 通用爬虫爬取网页的流程

（3）分析已爬取 URL 队列中的 URL，并将 URL 放入待爬取的 URL 队列，从而进入下一个循环。

以上就是通用网络爬虫的实现过程与基本原理，接下来分析聚焦网络爬虫的基本原理及其实现过程。

2.1.2 聚焦爬虫

聚焦爬虫（又称为网页蜘蛛、网络机器人，在 FOAF 社区中经常称为网页追逐者），是“面向特定主题需求”的一种网络爬虫程序，它与通用搜索引擎爬虫的区别在于：聚焦爬虫在实施网页爬取时会对内容进行处理筛选，尽量保证只爬取与需求相关的网页信息。

（1）对爬取目标的描述或定义。

（2）对网页或数据的分析与过滤。

（3）对 URL 的搜索策略。

爬取目标的描述和定义是决定网页分析算法与 URL 搜索策略如何制订的基础。而网页分析算法和候选 URL 排序算法是决定搜索引擎所提供的服务形式和爬虫网页爬取行为的关键所在。这两部分的算法是紧密相关的。

2.2 HTTP 基础

2.2.1 HTTP 与 HTTPS

在浏览网页时，通常会发现 URL 的开头有 http 或 https，这就是访问资源需要的协议类型。例如，在浏览天猫时会发现浏览器地址栏出现了如图 2-2 所示的 URL 地址。我们还看到过 ftp、sftp、file 等其他的 URL 开头，它们也是协议类型。在爬虫里面，所爬取的页面一般都是 http 或者 https 开头的协议，这里主要介绍这两个协议。

http://www.tianmao.com

图 2-2 天猫地址

网站的 URL 分为两部分：通信协议和域名地址。域名地址很好理解，不同的域名地址表示网站中不同的页面；而通信协议，简单来说就是浏览器和服务器之间沟通的语言。网站中的通信协议一般就是 HTTP 协议和 HTTPS 协议。

HTTP（Hyper Text Transfer Protocol，超文本传输协议）是用于从网络传输超文本数据到本地浏览器的协议，它能保证高效而准确地传送超文本文档。

一直以来 HTTP 协议都是最主流的网页协议，但是互联网发展到今天，HTTP 协议的明文传输会让用户存在一个非常大的安全隐患。试想一下，假如用户在一个 HTTP 协议的网站上面购物，需要在页面上输入银行卡号和密码，然后把数据提交到服务器实现购买。如果这时候传输数据被第三者截获了，由于 HTTP 明文数据传输的原因，用户的卡号和密码就会被截获者获得。从一定程度上来说，HTTP 协议是不安全的。

HTTPS（Hyper Text Transfer Protocol over Secure Socket Layer，超文本传输安全协议）是以安全为目标的 HTTP 通道，是 HTTP 的安全版，即 HTTP 下加入 SSL 层，简称为 HTTPS。

HTTPS 协议可以理解为 HTTP 协议的升级，就是在 HTTP 的基础上增加了数据加密。在数据进行传输之前，对数据进行加密，然后再发送到服务器。这样，就算数据被第三者所截获，但是由于数据是加密的，所以个人信息是安全的。这就是 HTTP 和 HTTPS 的最大区别。

目前国内的很多大型互联网网站，如淘宝、京东、百度、腾讯等很早就已经把 HTTP 换成了 HTTPS。

数据加密传输，是 HTTP 和 HTTPS 之间的本质性区别，除此之外，HTTPS 网站和 HTTP 网站还有其他地方不同。

当使用 Chrome 浏览器访问一个 HTTP 网站时，仔细观察会发现浏览器对所访问的 HTTP 网站会显示如图 2-3 所示的“不安全”的安全警告，提示用户当前所访问的网站可能会存在风险。而访问 HTTPS 网站时，情况是完全不一样的。

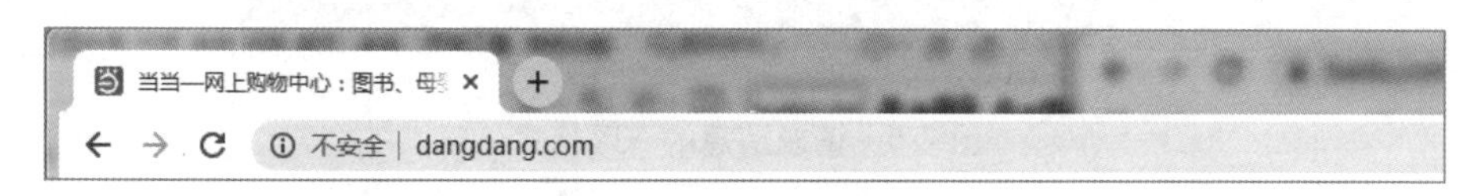

图 2-3　安全警告

除了浏览器视觉上不同以外，HTTPS 网站最重要的就是可以提升搜索排名。百度和谷歌已经明确表示，HTTPS 网站将会作为搜索排名的一个重要权重指标。也就是说，HTTPS 网站比 HTTP 网站在搜索排名中更有优势。

2.2.2　HTTP 请求过程

浏览器的主要功能是向服务器发出请求，并在窗口中显示选择的网络资源。HTTP 是一套计算机通过网络进行通信的规则，它由两部分组成：客户端请求消息和服务器端响应消息，通信过程如图 2-4 所示。

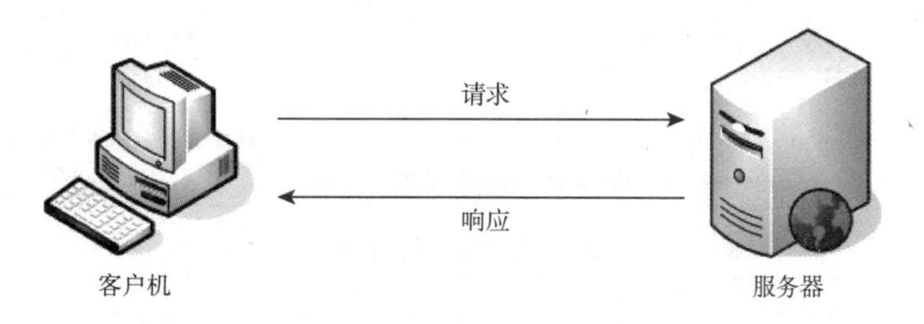

图 2-4　HTTP 通信过程

这里的客户机代表 PC 或手机浏览器，服务器即是要访问的网站所在的服务器。

当用户在浏览器的地址栏中输入一个 URL 地址并按【Enter】键之后，浏览器会向 HTTP 服务器发送 HTTP 请求。常用的 HTTP 请求包括 GET 和 POST 两种方式。

2.2.3　客户端请求

视频

客户端

从图 2-4 可以看出，请求由客户机向服务器发出，根据 HTTP 协议的规定，客户机发送一个 HTTP 请求到服务器的请求消息，由请求行、请求头部、空行以及请求包体（数据）四部分组成。图 2-5 所示为请求消息的一般格式。

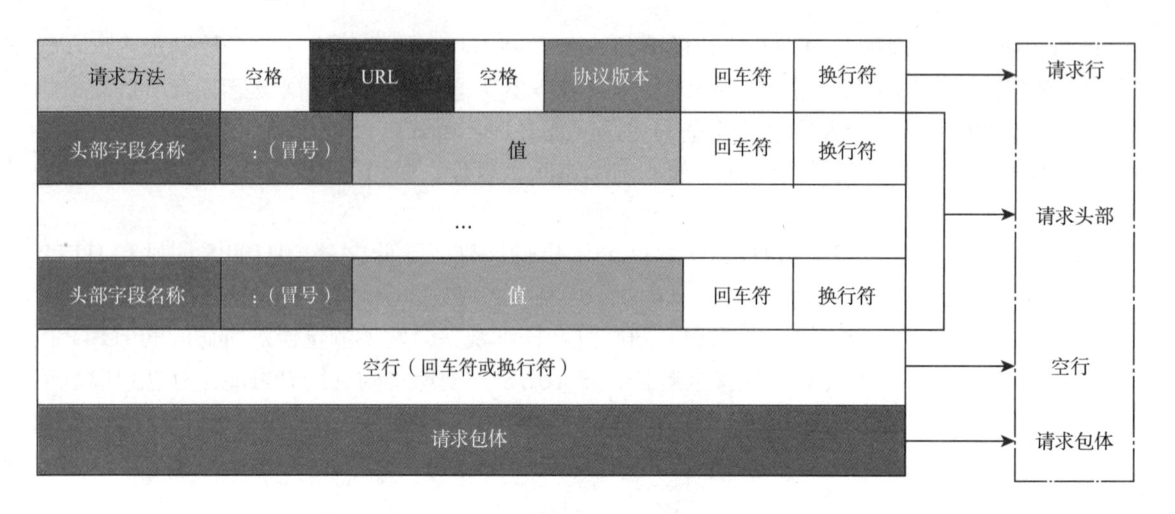

图 2-5　请求消息的一般格式

1. 请求行

请求行由请求方法字段、URL 字段和协议版本字段三部分组成，它们之间使用空格隔开。常用的 HTTP 请求方法有 GET、POST、HEAD、PUT、DELETE、OPTIONS、TRACE、CONNECT。

不同的协议版本及请求方法的含义如表 2-1、表 2-2 所示。

表 2-1　不同协议版本的含义

序　号	协 议 版 本	描　　述
1	HTTP 0.9	只有基本的文本 GET 功能
2	HTTP 1.0	完善的请求 / 响应模型，并将协议补充完整，定义了 GET、POST 和 HEAD 三种请求方法
3	HTTP1.1	在 HTTP 1.0 基础上进行更新，新增了 OPTIONS.、PUT、DELETE、TRACE 和 CONNECT，五种请求方法
4	HTTP 2.0（未普及）	请求 / 响应首部的定义基本没有改变，只是所有首部键必须全部小写，而且请求行要独立为 ：method、：scheme、：host、：path 等键值对

表 2-2　不同请求方法含义

序　号	方　　法	描　　述
1	GET	请求指定的页面信息，并返回页面内容
2	POST	向指定资源提交数据进行处理请求（如提交表单或者上传文件），数据被包含在请求体中。POST 请求可能会导致新的资源的建立和已有资源的修改
3	HEAD	类似于 GET 请求，只不过返回的响应中没有具体内容，用于获取报头
4	PUT	这种请求方式下，从客户端向服务器传送的数据取代指定的文档内容
5	DELETE	请求服务器删除指定的页面
6	CONNECT	把服务器当作跳板，让服务器代替客户端访问其他网页

续表

序　号	方　　法	描　　述
7	OPTIONS	允许客户端查看服务器的性能
8	TRACE	回显服务器收到的请求，主要用于测试或诊断

一般来说，登录时需要提交用户名和密码，其中包含了敏感信息。如果使用 GET 方式请求，密码就会暴露在 URL 中，造成密码泄露，所以这里最好以 POST 方式发送。上传文件时，由于文件内容比较大，也会选用 POST 方式。

2. 请求头部

请求头部由关键字 / 值对组成，每行一对，关键字和值用英文冒号“:”分隔。请求头部通知服务器有关客户端请求的信息。典型的请求头有以下几种：

（1）User-Agent：产生请求的浏览器类型等信息，简称 UA。一般在爬虫中都会使用 UA 来伪装浏览器，避免触发网站的反爬机制。

（2）Accept：浏览器可接受的 MIME 类型。

（3）Accept-Language：客户端可接受的自然语言类型。

（4）Accept-Encoding：客户端可接受的编码压缩格式。

（5）Accept-Charset：浏览器可接受的应答的字符集。

（6）Host：请求的主机名，允许多个域名同处一个 IP 地址，即虚拟主机。

（7）Connection：连接方式（close 或 keepalive）。

（8）Cookie：存储于客户端的扩展字段，向同一域名的服务端发送属于该域的 cookie。

最后一个请求头之后是一个空行，发送回车符和换行符，通知服务器以下不再有请求头。

3. 请求包体

请求包体不在 GET 方法中使用，而是在 POST 方法中使用。POST 方法适用于需要客户填写表单的场合。与请求包体相关的最常使用的是包体类型 Content-Type 和包体长度 Content-Length。

2.2.4　服务端响应

HTTP 响应报文由状态行、响应头部、空行和响应包体四部分组成，如图 2-6 所示。

1. 状态行

状态行由协议版本、状态码和状态码的描述文本三部分组成，它们之间使用空格隔开。前面已经介绍了协议版本的相关内容，这里主要对状态码进行讲解。

状态码由三位数字组成，第一位数字表示响应的类型，常用的状态码有五大类：

（1）1xx：表示服务器已接收了客户端请求，客户端要继续发送请求才能完成整个处理过程。

（2）2xx：表示服务器已成功接收到请求并进行处理，常用状态码为 200（表示 OK，请求成功）。

（3）3xx：表示服务器要求客户端重定向。例如，请求的资源已经移动到一个新地址。常用的状态码包括 302（表示所请求的页面已经临时转移至新的 URL）、307 和 304（表示使用缓存资源）。

（4）4xx：表示客户端的请求有非法内容，常用的状态码包括 404（表示服务器无法找到被请求的页面）和 403（表示服务器拒绝访问，权限不够）。

（5）5xx：表示服务器未能正常处理客户端的请求而出现意外错误，常用状态码为 500（表示请求未完成，服务器遇到不可预知的情况）。

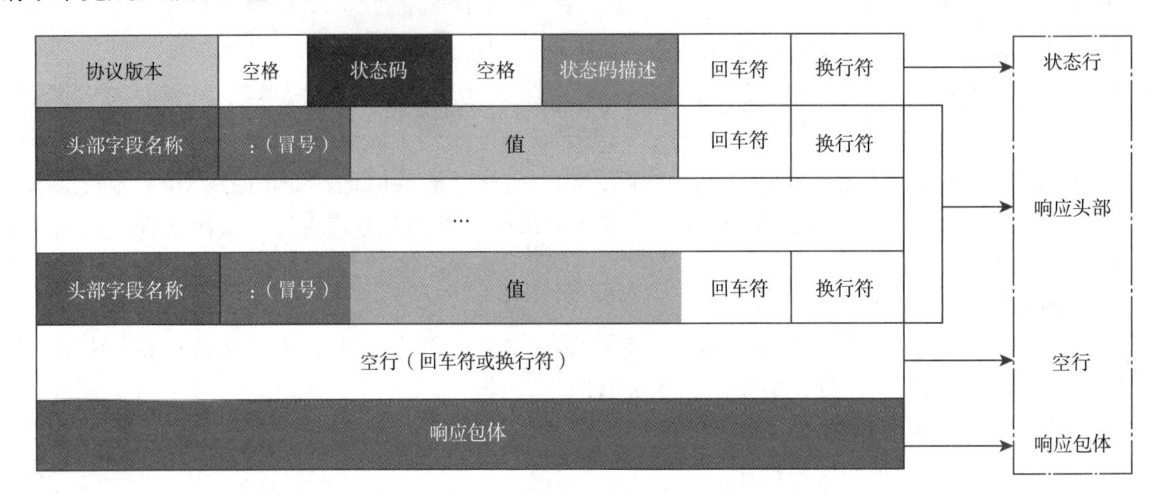

图 2-6　响应消息的一般格式

部分状态码取值及说明如表 2-3 所示。

表 2-3　部分状态码取值及说明

状 态 码	说　明
100	请求者应当继续提出请求。服务器返回此代码表示已收到请求的第一部分，正在等待其余部分
200 OK	表示客户端请求成功
400 Bad Request	表示请求未经授权，该状态代码必须与 WWW-Authenticate 报头域一起使用
403 Forbidden	表示服务器收到请求，但是拒绝提供服务，通常会在响应正文中给出不提供服务的原因
404 Not Found	请求的资源不存在，例如，输入了错误的 URL
500 Internal Server Error	表示服务器发生不可预期的错误，导致无法完成客户端的请求
503 Service Unavailable	表示服务器当前不能够处理客户端的请求，在一段时间之后，服务器可能会恢复正常

2. 响应头部

响应头部包含服务器对请求的应答信息，如 Location、Server 等。下面简要说明一些常用的头信息。

（1）Location：Location 响应报头域用于重定向接收者到一个新的位置。例如，客户机所请求的页面已不存在原先的位置，为了让客户机重定向到这个页面的新位置，服务器可以发回 Location 响应报头后使用重定向语句，让客户机去访问新的域名所对应的服务器上的资源。

（2）Server：Server 响应报头域包含了服务器用来处理请求的软件信息及其版本。它和 User-Agent 请求报头域是相对应的，前者发送服务器端软件的信息，后者发送客户端软件（浏览器）和操作系统的信息。

（3）Vary：指示不可缓存的请求头列表。

（4）Connection：连接方式。

对于请求来说，close 表示告诉 Web 服务器或者代理服务器，在完成本次请求的响应后，断开连接，不等待本次连接的后续请求。Keep-Alive 表示告诉 Web 服务器或者代理服务器，在完成本次请求的响应后，保持连接，等待本次连接的后续请求。

对于响应来说，close 表示连接已经关闭；Keep-Alive 表示连接保持着，在等待本次连接的后续请求；Keep-Alive：如果浏览器请求保持连接，则该头部表明希望 Web 服务器保持连接多长时间（秒），例如，Keep-Alive：300。

（5）WWW-Authenticate：WWW-Authenticate 响应报头域必须被包含在 401（未授权的）响应消息中，这个报头域和前面讲到的 Authorization 请求报头域是相关的，当客户端收到 401 响应消息时，就要决定是否请求服务器对其进行验证。如果要求服务器对其进行验证，就可以发送一个包含 Authorization 报头域的请求。

（6）Date：标识响应产生的服务器时间。HTTP 协议中发送的时间都是 GMT 的，这主要是解决在互联网上，不同时区在相互请求资源时的时间混乱问题。

（7）空行：最后一个响应头部之后是一个空行，发送回车符和换行符，通知服务器以下不再有响应头部。

3. 响应包体

服务器返回给客户机的文本信息，用户要获取的正文数据都在响应体中。

2.3 网页基础

网页可以分为三大部分：HTML、CSS 和 JavaScript。

视频

网页组成

1. HTML

HTML（Hypertext Markup Language，超文本标记语言）包括一系列标签．通过这些标签可以将网络上的文档格式统一，使分散的 Internet 资源连接为一个逻辑整体。HTML 文本是由 HTML 命令组成的描述性文本，HTML 命令可以说明文字、图形、动画、声音、表格、链接等。

在 HTML 中不同的内容由不同的标签表示，如图片可以用 img 标签表示，音频可以用 audio 标签表示。HTML 的标签有很多，常用的 HTML 标签如表 2-4 所示。

表 2-4　常用的 HTML 标签

标　签	说　明
<!DOCTYPE>	定义文档类型
<a>	定义超文本链接
<body>	定义文档的主体
<button>	定义一个按钮
<div>	定义文档中的节
<form>	定义 HTML 文档的表单

续表

标　签	说　明
<h1> to <h6>	定义 HTML 标题
<head>	定义关于文档的信息
<html>	定义 HTML 文档
<img>	定义图像
<meta>	定义关于 HTML 文档的元信息
<script>	定义客户端脚本
<table>	定义表格
<tbody>	定义表格中的主体内容
<td>	定义表格中的单元

下面看下“菜鸟教程”是如何展现一个页面的。在 Chrome 浏览器输入 https://www.runoob.com 后按【Enter】键，右击“检查”或者按【F12】键进入开发者模式，单击 Elements 选项卡就可以看到“菜鸟网页”的源代码，如图 2-7 所示。

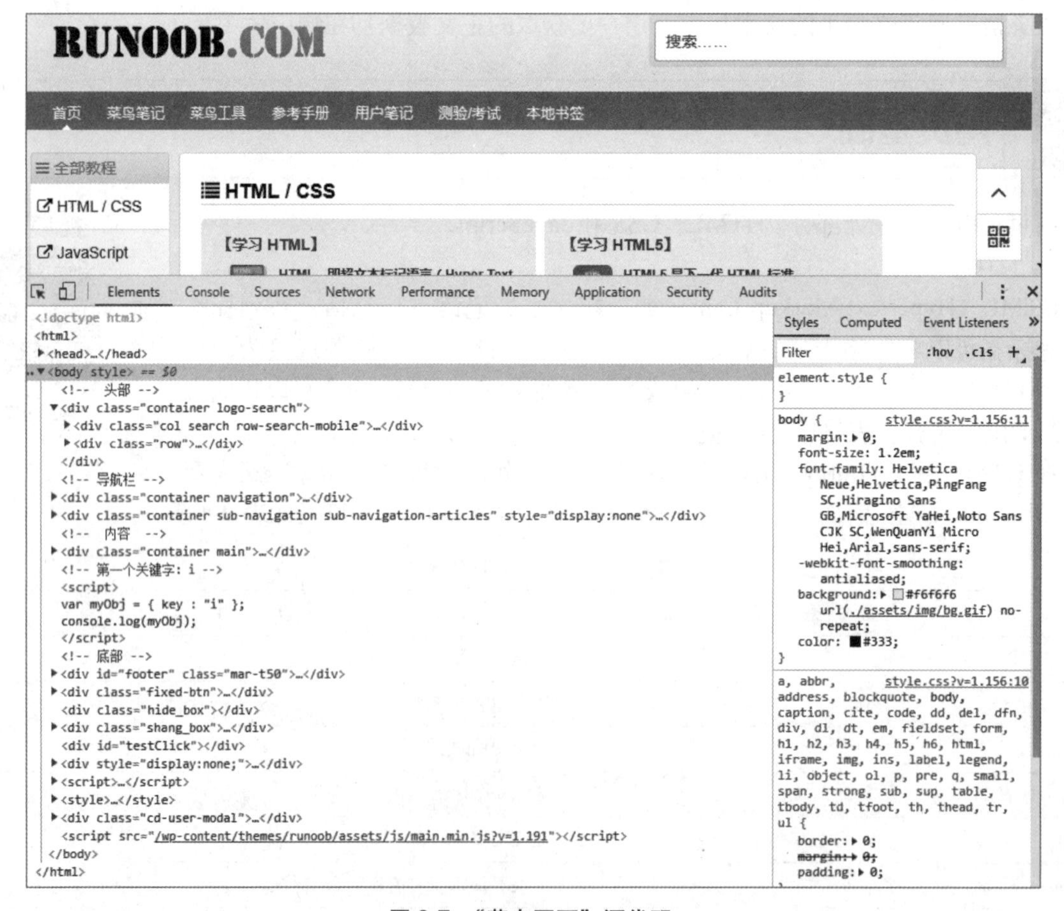

图 2-7　“菜鸟网页”源代码

在图 2-7 中可以看到大量的 div 标签，点开 div 标签会发现下面有很多其他标签，如 from、div、li 等。实际上这里面的图片、超链接等标签，它们之间的布局常通过布局标签 div 嵌套组合而成，各种标签通过不同的排列和嵌套才形成了网页的框架。HTML 网页就是通过各种标签嵌套组合而成的。这些标签定义的节点元素相互嵌套和组合形成了复杂的层次关系，从而形成了网页的架构。

2. CSS

层叠样式表 (Cascading Style Sheets，CSS) 是一种用来表现 HTML 或 XML（Extensible Markup Language，可扩展标记语言）等文件样式的计算机语言。CSS 不仅可以静态地修饰网页，还可以配合各种脚本语言动态地对网页各元素进行格式化。

可以新建一个文本文档，打开并编辑，加入如下代码：

```
<!DOCTYPE html>
<html>
    <head>
        <meta charset="utf-8">
        <title>demo</title>
    </head>

    <body>

        <h1>CSS 实例 !</h1>
        <p> 这是一个段落。</p>

    </body>

</html>
```

保存修改后的文件，修改文件扩展名设为 html，用浏览器打开文件，如图 2-8 所示。

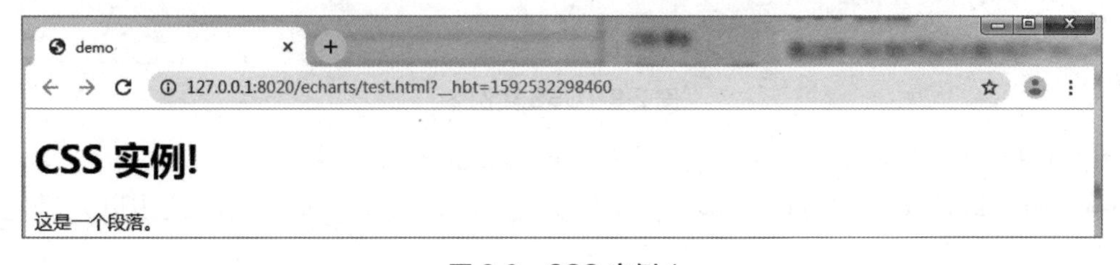

图 2-8　CSS 实例 1

此时可以看到显示效果并不是很好，为了让网页看起来更美观，需要借助 CSS。

层叠样式表（Cascading Style Sheets,CSS）是一种用来表现 HTML 等文件样式的计算机语言。CSS 可以定义 HTML 现实的样式，可以实现很多不同的效果、排版等，HTML 中所有的元素几乎都需要 CSS 来管理样式，而且现在越来越流行 DIV+CSS 搭配控制页面排版和样式。CSS 主要通过三大选择器来修饰 HTML 标签。

对上面的代码进行修改，加入 CSS 样式：

```
<!DOCTYPE html>
<html>
    <head>
        <meta charset="utf-8">
        <title>dmeo</title>
```

```
        <style>
            body {
                background-color: #d0e4fe;
            }

             h1 {
                color: orange;
                text-align: center;
            }

            p {
                font-family: "Times New Roman";
                font-size: 20px;
            }
        </style>
    </head>
    <body>

        <h1>CSS 实例 !</h1>
        <p>这是一个段落。</p>
    </body>
</html>
```

使用浏览器打开，效果如图 2-9 所示。

图 2-9　CSS 实例 2

上面的代码中以文档主体的背景颜色（background-color）、标题颜色（color）、文本对齐方式（text-align）、段落字体（font-family）、字体大小（font-size）对 CSS 的使用以及功能进行了简单的演示。

在网页中，一般会统一定义整个网页的样式规则，并写入 CSS 文件（扩展名为 css）中。在 HTML 中，只需要用 link 标签即可引入写好的 CSS 文件，这样整个页面就会变得美观、优雅。

3. JavaScript

CSS 可使页面有很好看的样式，但是却没有很好的交互性，此时可通过 JavaScript 增加网页的动态功能，它定义了网页的行为，可提高用户体验。比如，通过 JavaScript 可以监控到用户的点击，滑动等动作，然后根据用户的这些动作来做一些操作。

JavaScript（简称 JS）是一种具有函数优先的轻量级、解释型或即时编译型的编程语言。虽然它是作为开发 Web 页面的脚本语言而出名，但是它也被用到了很多非浏览器环境中。JavaScript 基于原型编程、多范式的动态脚本语言，并且支持面向对象、命令式和声明式（如函数式编程）风格。

通常，JavaScript 代码放在一个或多个以 js 为扩展名的外部 JavaScript 文件中，通过 <src> 标记将 JavaScript 文件链接到 HTML 文档中。其基本语法格式如下：

```
<script type="text/Javascript" src="脚本文件路径"> </script>
```

src 是 script 标记的属性，用于指定外部脚本文件的路径。同样，可以省略 type 属性，语法简写为如下格式：

```
<script src= "脚本文件路径" ></script>
```

综上所述，HTML 定义了网页的内容和结构，CSS 描述了网页的布局，JavaScript 定义了网页的行为。

2.4 抓包工具 Fiddler

2.4.1 Fiddler 简介

视频

抓包

视频

Fiddler

Fiddler 是一个 HTTP 协议调试代理工具，它能够记录并检查所有计算机和互联网之间的 HTTP 通信，设置断点，查看所有“进出”Fiddler 的数据（指 cookie、html、js、css 等文件）。Fiddler 比其他的网络调试器更加简单，因为它不仅仅暴露 http 通信还提供了一个用户友好的格式。

下面通过几款抓包工具的比较，说明使用 Fiddler 的原因：

（1）Firebug 虽然可以抓包，但是对于分析 HTTP 请求的详细信息，功能不够强大。模拟 HTTP 请求的功能也不够，且 Firebug 经常需要“无刷新修改”，如果刷新了页面，所有的修改都不会保存。

（2）Wireshark 是通用的抓包工具，但是比较庞大，对于只需要抓取 HTTP 请求的应用来说，似乎有些大材小用。

（3）Httpwatch 也是比较常用的 HTTP 抓包工具，但是只支持 IE 和 Firefox 浏览器（其他浏览器可能会有相应的插件），对于想要调试 Chrome 浏览器的 HTTP 请求，似乎稍显无力。

Fiddler 是一款常见的抓包分析软件，同时，用户可以利用 Fiddler 详细地对 HTTP 请求进行分析，并模拟对应的 HTTP 请求。

Fiddler 是位于客户端和服务器端的 HTTP 代理，也是目前最常用的 HTTP 抓包工具之一。它能够记录客户机和服务器之间的所有 HTTP 请求，可以针对特定的 HTTP 请求，分析请求数据、设置断点、调试 Web 应用、修改请求的数据，甚至可以修改服务器返回的数据，功能非常强大，是 Web 调试的利器。

Fiddler 工具的功能体现在以下几方面：

（1）可以监控 HTTP 和 HTTPS 的流量，截获客户端发送的网络请求。

（2）可以查看截获的请求内容。

（3）可以伪造客户机请求发送给服务器，也可以伪造一个服务器的响应发送给客户机，可用于前后端调试。

（4）可以用于测试网站的性能。

（5）可以解密 HTTPS 的 Web 会话。

（6）Fiddler 提供的第三方插件，可大幅提高工作效率。

2.4.2 Fiddler 工作原理与界面

在学习使用 Fiddler 之前，首先需要对 Fiddler 的基本原理及基本界面进行简单的了解。

Fiddler 本质是一个 Web 代理服务器，其默认工作端口是 8888。

代理服务器定义：Web代理（Proxy Server）服务器是网络的中间实体。代理位于Web客户端和Web服务器之间，扮演“中间人”的角色。HTTP的代理服务器既是Web服务器又是Web客户端。代理服务器的优势如下：

（1）共享网络。

（2）提高访问速度。

（3）突破访问限制。

（4）隐藏身份。

Fiddler 的基本工作原理如图 2-10 所示。

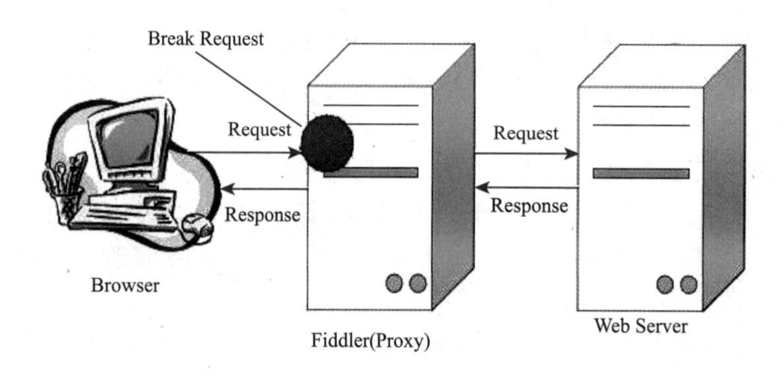

图 2-10 Fiddler 工作原理

从图 2-10 中可以看出，对于 Web 客户端来说，代理扮演的是服务器的角色，接收 Request，返回 Response。对于 Web 服务器来说，代理扮演的是客户端的角色，发送 Request，接收 Response。

Fiddler 启动时，会把 Internet 选项中的代理修改为 127.0.0.1，端口为 8888。

当 Fiddler 退出时，会自动在 Internet 选项中取消代理，这样就不会影响其他程序。

如果 Fiddler 非正常退出，因为 Fiddler 没有自动注销，会造成网页无法访问。解决的办法是重新启动 Fiddler。

要使用 Fiddler，首先需要安装 Fiddler 软件。用户可以从 Fiddler 的官网（http://www.telerik.com/fiddler）下载 Fiddler, 下载之后打开直接安装即可。Fiddler 官网主页如图 2-11 所示。

在主页上单击 Download Now 按钮，进入下载页面，如图 2-12 所示。

可以根据计算机的操作系统选择对应的 Fiddler 版本。这里以 Windows 系统为例，所以单击 Download for Windows 按钮，下载 Windows 系统下的 Fiddler 安装包。下载安装包到本地后，双击安装即可。

启动 Fiddler 程序，其操作界面如图 2-13 所示。

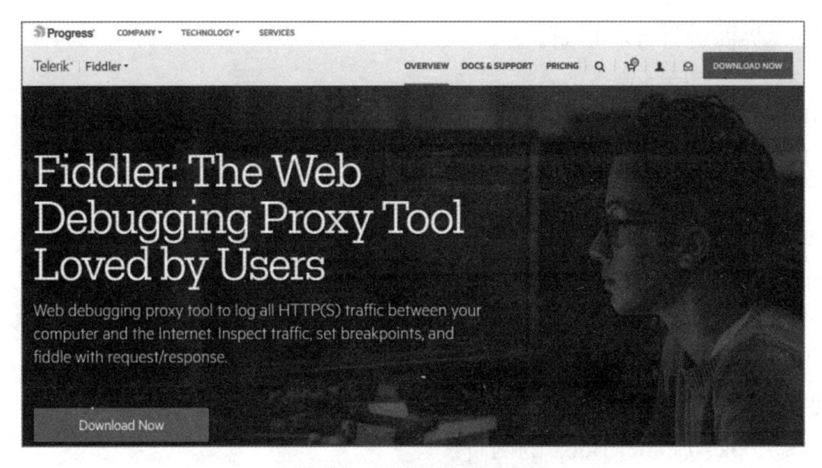

图 2-11　Fiddler 官网主页

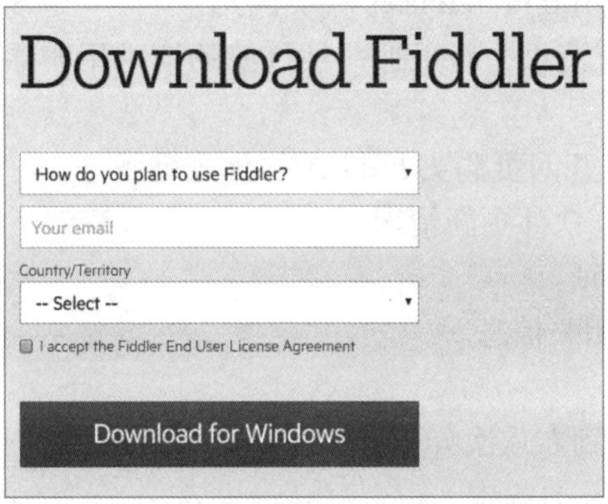

Download Fiddler

How do you plan to use Fiddler?

Your email

Country/Territory

-- Select --

I accept the Fiddler End User License Agreement

Download for Windows

图 2-12　下载 Fiddler 界面

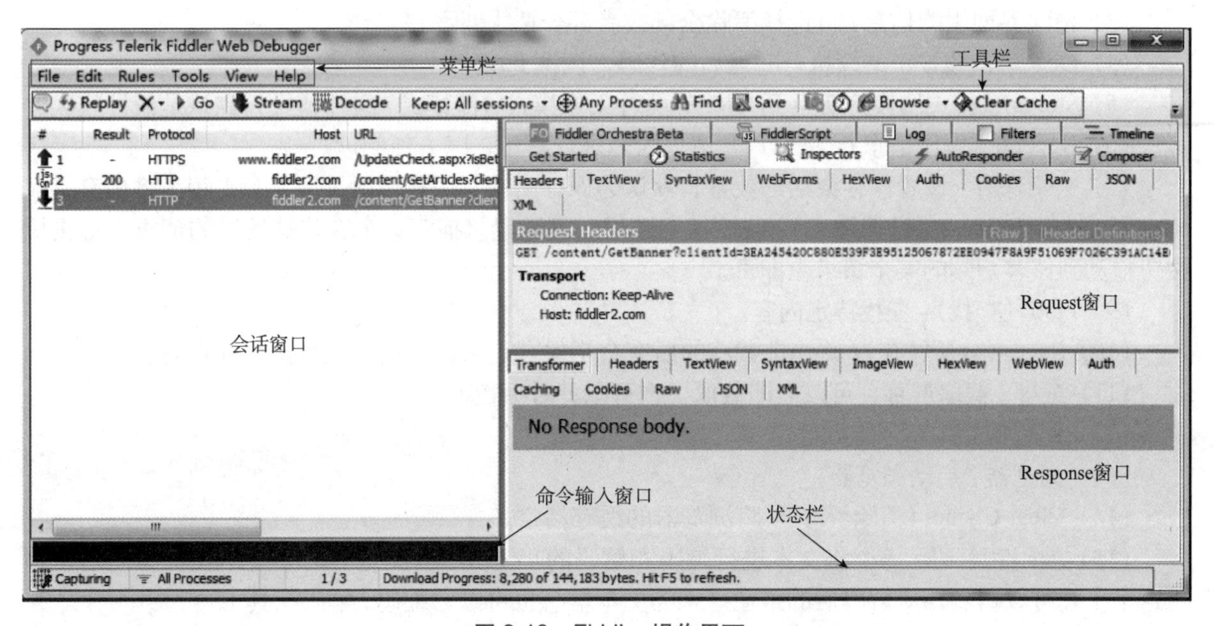

图 2-13　Fiddler 操作界面

下面对 Fiddler 界面进行详细讲解。

1. 菜单栏

（1）File：用于导出 Session、打开新的 Fiddle 窗口、保存会话等。

（2）Edit：用于复制 session、host、url、header、remove session、标记、find Seesion。

（3）Rules：用于创建规则过滤会话。例如，可以隐藏图片类型的请求或者 304 的请求等。

（4）Tools：主要是工具，可在 Options 中设置 Fiddler 的端口号、Https 的请求、connnection 等，也可以清除 cache。

（5）View：主要用于 Fiddler 窗口显示的问题，例如，可以设置 ToolBar 是否显示等。

（6）Help：

- Help：进入 Fiddler 的帮助网页。
- Get Fiddler Book：Fiddler Book 的网页。
- Discussions：Fiddler 的讨论网页。
- Http Preferences：进入 Http Preferences 相关网站。
- Troubleshoot：捕获所有请求，对于那些被过滤的请求用删除线表示出来并给出原因，使用时会打开一个网页。
- Get Priority Support：打开网页购买 Fiddler 的优先级服务。
- Check for Updates：检查软件更新情况。
- Send Feedback：意见反馈。
- About：当前 fiddler 的相关信息。

2. 工具栏

按工具栏图标顺序，从左到右依次如下：

（1）备注：可为当前会话添加备注。

（2）Replay（回放按钮）：可以再次发送某个请求。

（3）清除界面上的信息：可选择清除全部或者部分请求。

（4）Go：单击该按钮继续执行断点后的代码，调试 bug。

（5）Stream（模式切换）：切换 Fiddler 的两种工作模式（流模式 / 缓冲模式），默认是缓冲模式。

（6）Decode（解压请求）：将 HTTP 请求内容进行解压，以方便阅读。

（7）会话保存：设置保存会话的数量，默认为保存所有。保存会话过多，会占用太多内存。

（8）Any Process（过滤请求）：监控指定进程。可设置只捕获某个客户端发送的请求，单击该按钮拖动到该客户端的某个请求上即可。

（9）Find（查找）：查找特定内容。

（10）Save（会话保存）：将当前截获的所有会话保存起来，下次可以直接打开查看。

（11）截屏：截取屏幕，可以立即截取，也可以计时后截取。

（12）计时器：具备计时功能。

（13）浏览器：启动浏览器。

（14）Clear Cache（清除缓存）：将浏览器的缓存清空。

（15）编码和解码：一个将文本进行编码和解码的小工具（当浏览器的某些路径被编码后，利用这个工具可以得到相应解码后的路径，别的文本信息也可以，编码 / 解码工具）。

（16）窗体分离（Tearoff）：将一个窗体分离显示。

3. 会话窗口信息

打开浏览器访问百度页面后，会话窗口信息如图 2-14 所示。

#	Result	Protocol	Host	URL	Body	Caching	Content-Type	Process	Comments	Custom
1	200	HTTP	Tunnel to	sp1.baidu.com:443	0			chrome...		
2	200	HTTP	Tunnel to	sp2.baidu.com:443	0			chrome...		
3	-	HTTP	Tunnel to	clients1.google.com:443	-1			chrome...		
4	200	HTTP	Tunnel to	sp1.baidu.com:443	0			chrome...		
5	200	HTTP	Tunnel to	passport.baidu.com:443	0			chrome...		

图 2-14　会话窗口信息

（1）Result：HTTP 响应的状态。

（2）Protocol：协议类型（HTTP/HTTPS）。

（3）Host：请求地址的域名。

（4）URL：访问网址，请求服务器路径和文件名，包括 GET 参数。

（5）Body：请求的大小，以字节（B）为单位。

（6）Caching：请求的缓存过期时间或者缓存控制。

（7）Content-Type：请求响应的类型。

（8）Process：发出此请求的 window 进程以及进程 ID。

（9）Comments：用户通过脚本或者右键菜单给此 Session 增加的备注。

（10）Custom：用户可以通过脚本设置的自定义内容。

4. 命令输入窗口

常见的命令如表 2-5 所示。

表 2-5　常见的命令

命　　令	说　　明
Help	打开官方的使用页面，所有的命令都会列出来
cls	清屏（按【Ctrl+X】组合键也可以清屏）
Select	选择会话的命令
?.png	用来选择 png 扩展名的图片
bpu	截获 Request
bpafter	截获 Response

5. Request 和 Response

Request 窗口的 Inspectors 标签用于显示当前会话的客户端请求信息，Request 是客户端发出去的数据，Response 是服务器端返回的数据，这两块区域功能差不多。

（1）Headers：请求头，包含 client、cookies、transport 等。

（2）TextView：显示 POST 请求的 body 部分为文本。

（3）WebFroms：请求参数信息（body）表格展示，更直观。

（4）HexView：用十六进制数据显示请求。

（5）Auth：授权相关，显示请求 Header 中的 Proxy-Authorization（代理身份验证）和

Authorization（授权）信息。如果显示如下两行，说明不需要授权。

```
No Proxy-Authorization Header is present.
No Authorization Header is present.
```

（6）Cookies：查看 Cookie 详情。

（7）Raw：查看一个完整请求的内容，可以直接复制。

（8）JSON：查看 JSON 格式的文件。

（9）XML：查看 XML 文件的信息。

（10）Transformer：显示相应的编码信息。

（11）ImageView：如果请求是图片资源，则显示相应的图片。

（12）WebView：显示在 Web 浏览器中的预览效果。

（13）Caching：显示此请求的缓存信息。

2.4.3 Fiddler 爬取 HTTPS 设置

如果要使用 Fiddler 工具爬取 HTTPS 网页，还需要进行一些设置。操作步骤如下：

（1）在浏览器中访问 http://www.telerik.com/docs/default-source/fiddler/addons/fiddlercertmaker.exe?sfvrsn=2 下载并安装 Fiddler 证书生成器。双击 fiddlercertmaker.exe 运行此文件，如图 2-15 所示。

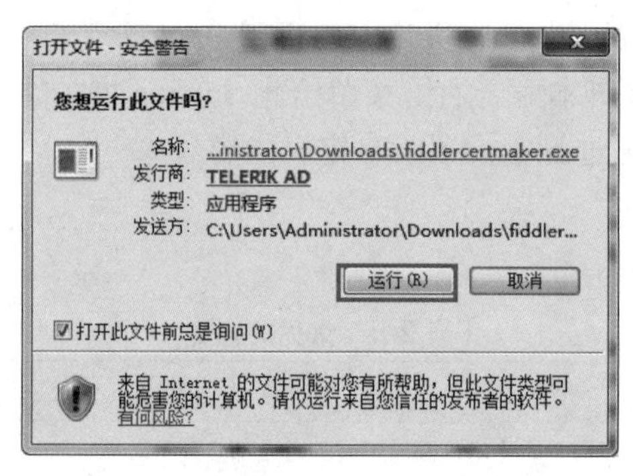

图 2-15 运行 fiddlercertmaker.exe

证书生成后单击“确定”按钮，如图 2-16 所示。

（2）打开 Fiddler，选择菜单栏中的 Tools → Options 命令，如图 2-17 所示。

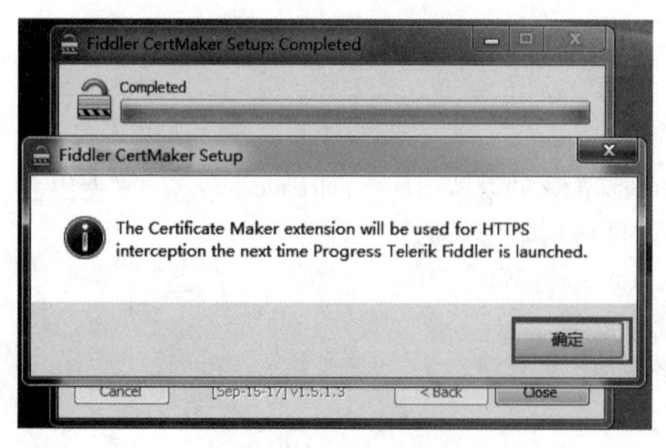

图 2-16 证书生成完成

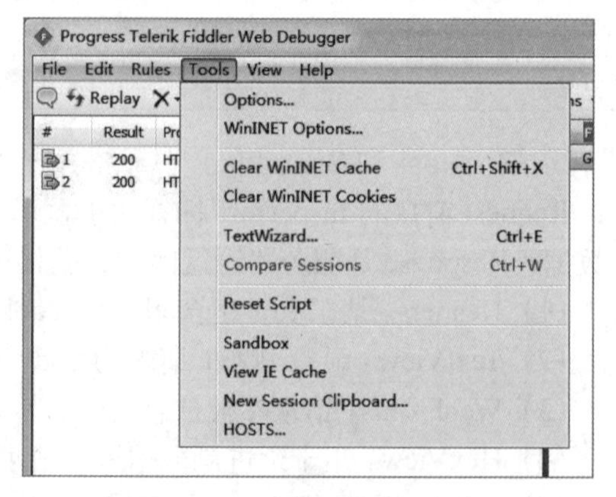

图 2-17 选择 Options 命令

（3）在打开的 Options 对话框中单击 HTTPS 选项卡，勾选需要的选择项，如图 2-18 所示。在设置过程中会弹出对话框询问是否信任证书和同意安装证书，此时单击信任和同意即可。

（4）单击 Actions 按钮，单击 Export Root Certificate to Desktop 导出根证书到桌面，此时桌面上会出现证书 FiddlerRoot.cer 文件，单击 OK 按钮设置成功，关闭 Fiddler，如图 2-19 所示。

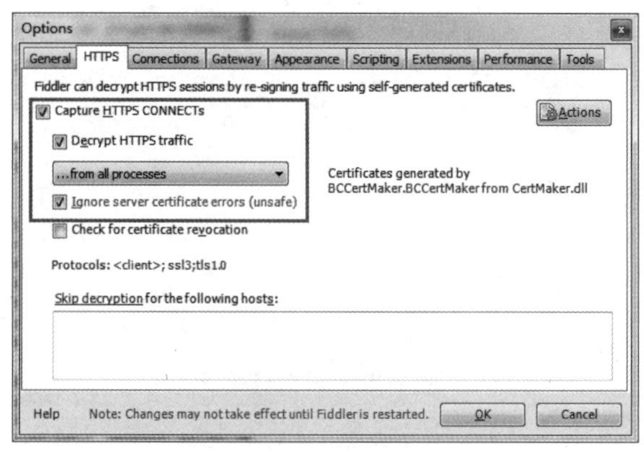

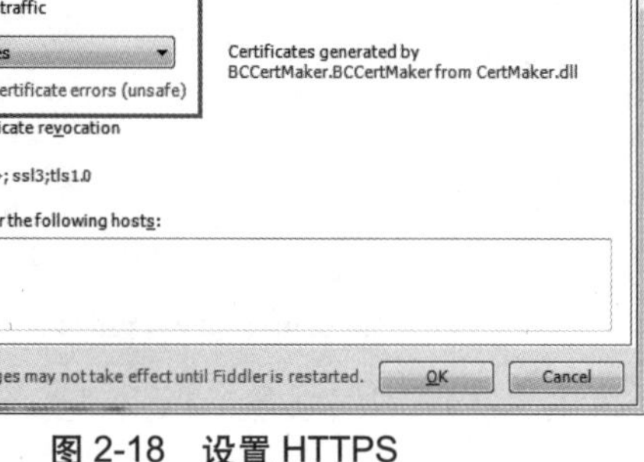

图 2-18　设置 HTTPS

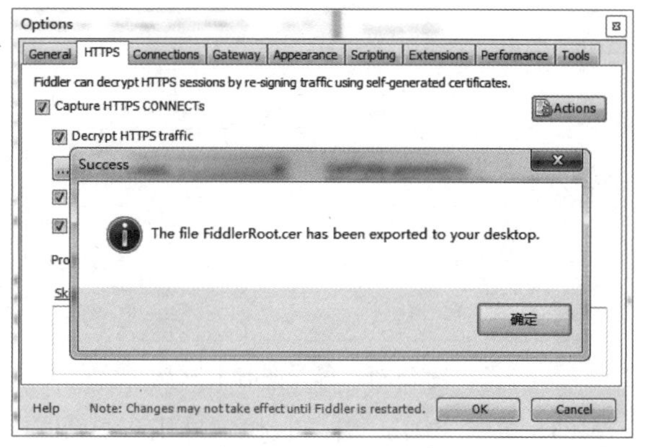

图 2-19　导出根证书

2.4.4 Fiddler 捕获 Chrome 会话

使用 Fiddler 捕获 Chrome 浏览器发送的会话时，可以自动将浏览器设置为使用 Fiddler 作为代理服务器，但是如果 Fiddler 非正常退出时，会导致 Chrome 的代理服务器无法恢复正常。如果经常使用 Fiddler, 可能需要手动检查和更改 Chrome 的代理服务器。这里只需要在浏览器中导入证书 FiddlerRoot.cer 即可。

（1）打开谷歌浏览器，在浏览器上输入 chrome://settings/，找到“高级”设置下的“管理证书”，或者单击左上角的设置导航栏找到隐私设置和安全性下的管理证书功能，如图 2-20 所示。

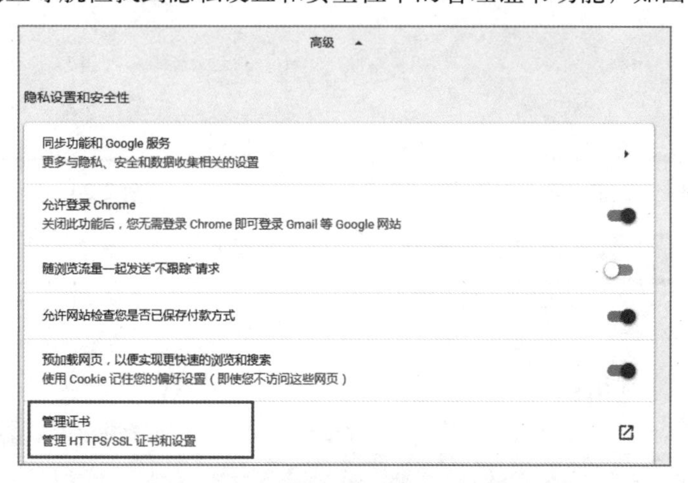

图 2-20　谷歌浏览器证书管理功能

（2）在受信任的根证书颁发机构导入证书，如图 2-21 所示。在打开的对话框中单击“下一步”按钮，如图 2-22 所示。

图 2-21 导入证书 1

图 2-22 导入证书 2

(3) 单击“浏览”按钮，找到导出到桌面的证书，单击“打开”按钮，然后单击“下一步”按钮，根据向导提示完成证书录入，如图 2-23 ～图 2-26 所示。

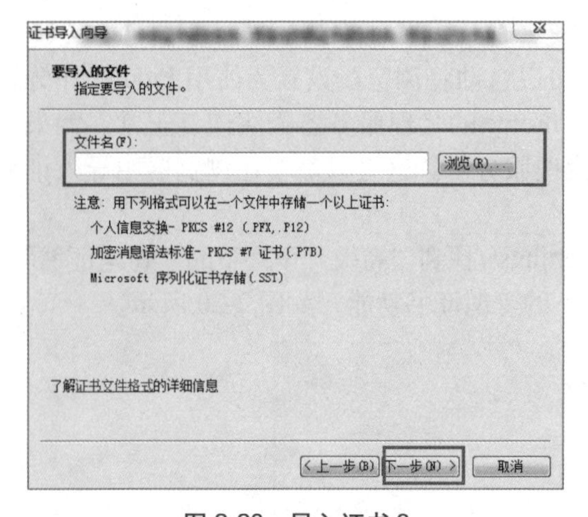

图 2-23 导入证书 3

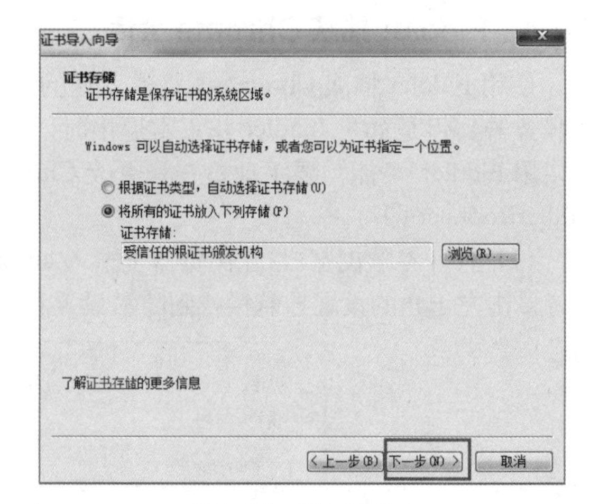

图 2-24 导入证书 4

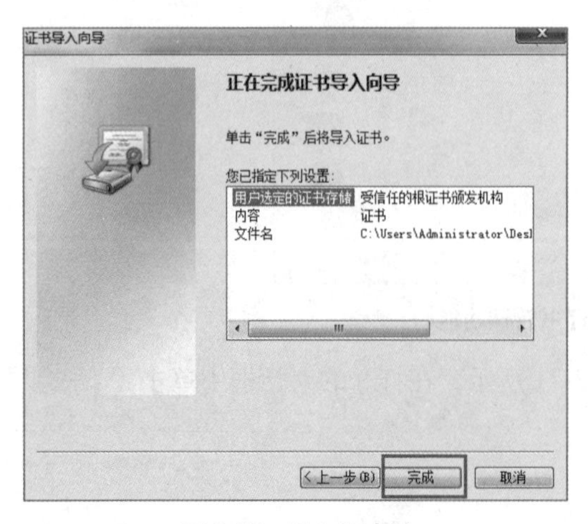

图 2-25 导入证书 5

图 2-26 导入成功

（4）重新打开 Fiddler，就可以进行 HTTPS 抓包。打开浏览器输入 https://www.baidu.com，此时在 Fiddler 的会话窗口就可以看到如图 2-27 所示的信息。

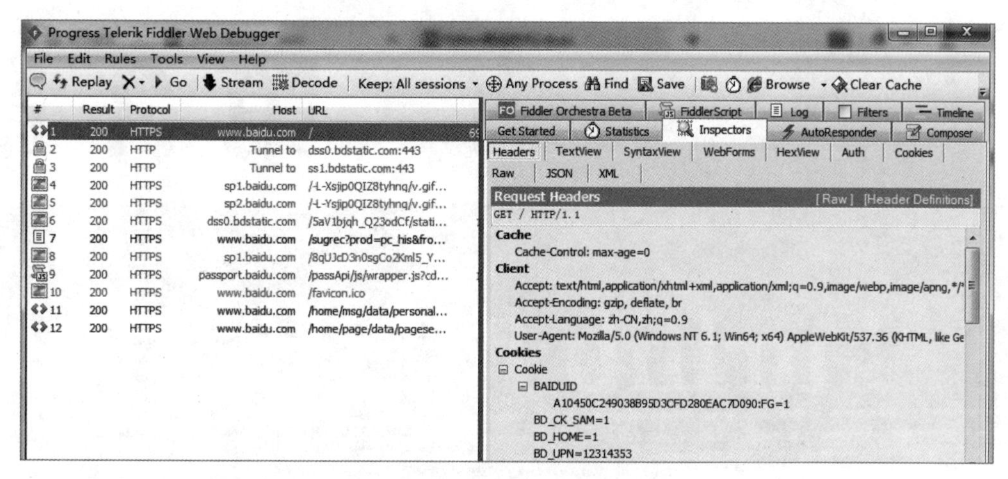

图 2-27　HTTPS 抓包成功

第3章

urllib 库与异常处理

学习爬虫，最初的操作是模拟浏览器向服务器发出请求。用户不需要知道数据结构的实现、服务器的响应和应答原理。Python 的强大之处就是提供了功能齐全的类库来帮助用户完成这些请求。最基础的 HTTP 库有 urllib.httplib2、requests. treq 等。

有了 urllib 库，在爬取网页数据时，只需要关心请求的 URL 格式、要传递什么参数、要设置什么样的请求头，而不需要关心它们的底层是怎样实现的。

3.1 urllib 库简介

在 Python 2 中，有 urllib 和 urllib 2 两个库来实现请求的发送。而在 Python 3 中，已经不存在 urllib2 这个库了，统一为 urllib，其官方文档链接为 https://docs.python.org/3/library/urllib.html。

下面首先了解一下 urllib 库，urllib 是 Python 自带的一个用于爬虫的库，其主要作用是可以通过代码模拟浏览器发送请求。其常用的子模块在 Python 3 中为 urllib.request 和 urllib.parse，在 Python 2 中是 urllib 和 urllib 2。

urllib 库包含四个模块：

（1）request：它是最基本的 HTTP 请求模块，用户可以用它来模拟发送请求，就像在浏览器里输入网址然后按【Enter】键一样，只需要给库方法传入 URL 以及额外的参数，就可以模拟实现这个过程。

（2）error：即异常处理模块，如果出现请求错误，可以捕获这些异常，然后进行重试或其他操作保证程序不会意外终止。

（3）parse：它是一个工具模块，提供了许多 URL 处理方法，如拆分、解析、合并等方法。

（4）robotparser：主要用来识别网站的 robots.txt 文件，然后判断哪些网站可以爬，哪些网站不可以爬，使用得比较少。

3.1.1　快速使用 urllib 爬取网页

首先看一个完整的实例：爬取百度首页的源码信息。

```
import urllib.request

file=urllib.request.urlopen("http://www.baidu.com")
data=file.read()
print(data)
```

执行上面的代码，爬取到的信息如图 3-1 所示。

```
b'
<!DOCTYPE html>
<!--STATUS OK-->\n\n\n
<html>

    <head>
        <meta http-equiv="Content-Type" content="text/html;charset=utf-8">
        <meta http-equiv="X-UA-Compatible" content="IE=edge,chrome=1">
        <meta content="always" name="referrer">
        <meta name="theme-color" content="#2932e1">
        <meta name="description" content="\xe5\x85\xa8\xe7\x90\x83\xe6\x9c\x80\xe5\xa4\xa7
        <link rel="shortcut icon" href="/favicon.ico" type="image/x-icon" />
        <link rel="search" type="application/opensearchdescription+xml" href="/content-sea
        <link rel="icon" sizes="any" mask href="//www.baidu.com/img/baidu_85beaf5496f29152
        <link rel="dns-prefetch" href="//dss0.bdstatic.com" />
        <link rel="dns-prefetch" href="//dss1.bdstatic.com" />
        <link rel="dns-prefetch" href="//ss1.bdstatic.com" />
        <link rel="dns-prefetch" href="//sp0.baidu.com" />
        <link rel="dns-prefetch" href="//sp1.baidu.com" />
        <link rel="dns-prefetch" href="//sp2.baidu.com" />
        <title>\xe7\x99\xbe\xe5\xba\xa6\xe4\xb8\x80\xe4\xb8\x8b\xef\xbc\x8c\xe4\xbd\xa0\xe
        <style index="newi" type="text/css">
            #form .bdsug {
                top: 39px
            }

            .bdsug {
                display: none;
                position: absolute;
                width: 535px;
                background: #fff;
                border: 1px solid #ccc!important;
                _overflow: hidden;
                box-shadow: 1px 1px 3px #ededed;
                -webkit-box-shadow: 1px 1px 3px #ededed;
                -moz-box-shadow: 1px 1px 3px #ededed;
                -o-box-shadow: 1px 1px 3px #ededed
            }
```

图 3-1　爬虫爬取的网页源代码

在上面的代码中，首先导入了 urllib.request 模块；第二行使用 urllib.request 模块中的 urlopen() 方法打开并爬取一个网页，它传入的是百度首页的 URL，使用的协议是 HTTP，这是 urlopen() 方法最简单的用法；在第三行使用 read() 方法将对应的网页内容读取出来；最后一行输出读取到的数据。

这时可以打开百度首页，右击选择“查看页面源代码”命令，可以看到和爬取的信息是一样的。

1. urlopen()

利用最基本的 urlopen() 方法，可以完成最基本的简单网页的 GET 请求爬取。

urlopen() 方法可以接收多个参数，该方法的定义格式如下：

```
urllib.request.urlopen(url, data=None, [timeout,]*, cafile=None, capath=None,
cadefault=False, context=None)
```

可以发现，除了第一个参数可以传递 URL 之外，还可以传递其他内容，如 data（附加数据）、timeout（超时时间）等。

上述方法定义中的参数详细介绍如下：

（1）data：用来指明向服务器发送请求的额外信息。HTTP 协议是 Python 支持的众多网络通信协议（如 HTTP、HTTPS、FTP 等）中唯一使用 data 参数的。也就是说，只有打开 HTTP 网址时，data 参数才有作用。

data 参数是可选的。如果要添加该参数，并且如果它是字节流编码格式的内容，即 bytes 类型，则需要通过 bytes() 方法转化。另外，如果传递了这个参数，则它的请求方式就不再是 GET 方式，而是 POST 方式。

（2）timeout：可选参数，用于设置超时时间，单位为秒。如果请求超出了设置的这个时间，还没有得到响应，就会抛出异常。如果不指定该参数，就会使用全局默认时间。它支持 HTTP、HTTPS、FTP 请求。

（3）其他参数：

- cafile/capath/cadefault：用于实现可信任的 CA 证书的 HTTPS 请求，这些参数很少使用。
- context：实现 SSL 加密传输，该参数很少使用。

（4）data 参数使用示例：

```
import urllib.request
import urllib.parse

data=bytes(urllib.parse.urlencode({'word':'hello'}),encoding='utf-8')
response=urllib.request.urlopen('http://httpbin.org/post',data=data)
print(response.read())
```

（5）timeout 参数使用示例：

```
import urllib.request
import urllib.parse

response=urllib.request.urlopen('http://httpbin.org/post',timeout=1)
print(response.read())
```

2. HTTPResponse

前面只用几行代码就完成了百度官网的爬取，输出了网页的源代码。有了源代码，用户想要的图片地址、文本信息等是否就可以提取到呢？下面使用 type() 方法输出响应的类型，看一下它返回的内容是什么。

```
import urllib.request

response=urllib.request.urlopen ('http://www.baidu.com')
print(type(response))
```

执行示例代码，其输出结果为：

```
<class 'http.client.HTTPResponse'>
```

可以发现，它是一个 HTTPResponse 类型的对象，该类属于 http.client 模块，提供了获取 URL、状态码、响应内容等一系列方法。常见的方法如下：

（1）geturl(): 用于获取响应内容的 URL，该方法可以验证发送的 HTTP 请求是否被重新调配。

（2）info()：返回页面的元信息。

（3）getcode()：返回 HTTP 请求的响应状态码。

HTTPResponse 主要包含 read()、readinto()、getheader(name)、getheaders()、fileno() 等方法和 msg、version、status、reason、debuglevel、closed 等属性。

得到这个对象之后，将其赋值为 response 变量，然后就可以调用这些方法和属性，得到返回结果的一系列信息。

3. Request

利用 urlopen() 方法可以实现最基本请求的发起，但这几个简单的参数并不足以构建一个完整的请求。如果请求中需要加入 Headers 等信息，就可以利用更强大的 Request 类来构建。

Request 类的构造方法：

```
class urllib.request.Request(url, data=None, headers={}, origin_req_host=None,
unverifiable=False, method-None)
```

参数解析如表 3-1 所示。

表 3-1　参数解析

参　数	作　用
url	要请求的 url，这是必选参数，其他都是可选参数
data	默认为空，该参数表示提交表单数据，同时 HTTP 请求方法将从默认的 GET 方式改为 POST 方式
headers	headers 是一个字典类型，是请求头。可以在构造请求时通过 headers 参数直接构造，也可以通过调用请求实例的 add_header() 方法添加
origin_req_host	指定请求方的 host 名称或者 IP 地址
unverifiable	设置网页是否需要验证，默认为 False，这个参数一般也不用设置
method	method 是一个字符串，用来指定请求使用的方法，如 GET、POST 和 PUT 等

下面同样以百度首页为例，演示如何使用 Request 对象来爬取数据。示例代码如下：

```
import urllib.request

request=urllib.request.Request('http://www.baidu.com')
response=urllib.request.urlopen(request)
html=response.read().decode('UTF-8')
print(html)
```

上面代码的运行结果与前面是完全一样的，只是代码中间多了一个 Request 对象。在使用 urllib 库发送 URL 时，推荐使用构造 Request 对象的方式。因为在发送请求时，除了必须设置的 url 参数外，还可能会加入很多内容，如表 3-1 中的参数。

下面通过一个爬取某公司官网的案例来构造 Request 对象，该案例在构造 Request 对象时传入 data 和 headers 参数。具体代码如下：

```
import urllib.request
import urllib.parse

url='http://www.whwzzc.com'
header={
    "User-Agent":"Mozilla/5.0(Windows NT 6.1; Win64; x64) AppleWebKit/537.36
(KHTML, like Gecko) Chrome/76.0.3809.132 Safari/537.36)","Host":"httpbin.org"
}
dict={"name":"whwzzc"}
data=bytes(urllib.parse.urlencode(dict).encode('utf-8'))
#将url 作为 Request() 方法的参数，构造并返回一个 Request 对象
request=urllib.request.Request(url, data=data, headers=header)
#将Request 对象作为 urlopen() 方法的参数，发送给服务器并接收响应
response=urllib.request.urlopen (request)
#使用 read() 方法读取获取到的网页内容
html=response.read().decode('UTF-8')
#打印网页内容
print(html)
```

在上面代码中通过三个参数构造了一个请求，其中 url 即请求 URL，headers 中指定了 User Agent 和 Host，参数 data 用 urlencode() 和 bytes() 方法转换成字节流。

上述案例可以实现某公司官网首页的爬取。通过构造 Request 对象的方式，服务器会根据发送的请求返回对应的响应内容，这种做法在逻辑上也是非常清晰明确的。

3.1.2 urllib 数据传输

在爬取网页时，通过 URL 传递数据给服务器，传递数据的方式主要分为 GET 和 POST 两种。这两种方式最大的区别在于：GET 方式是直接使用 URL 访问，在 URL 中包含了所有的参数；POST 方式则不会在 URL 中显示所有的参数。本节将针对这两种数据传递方式进行讲解。

1. URL 编码与解码

一般来说，URL 标准中只会允许使用一部分 ASCII 字符（如数字、字母、部分符号等），而其他的一些字符（如汉字等）是不符合 URL 标准的。所以，如果在 URL 中使用一些其他不符合标准的字符就会出现问题，此时需要进行 URL 编码方可解决。比如，在 URL 中输入中文或者“:”或者“&”等不符合标准的字符时，需要进行编码。

使用 urllib.parse 库中的 urlencode() 方法将 URL 进行编码，可以将 key:value 这样的键值对转换成 "key=value" 这样的字符串。代码如下：

```
import urllib.parse

data={
    'a':'唯众智创',
    'b':'实训教学'
}
result=urllib.parse.urlencode(data)
print(result)
```

输出结果：

```
a=%E5%94%AF%E4%BC%97%E6%99%BA%E5%88%9B&b=%E5%AE%9E%E8%AE%AD%E6%95%99%E5%AD%A6
```

同样，还可以使用 urllib.request.quote() 进行编码，方法与上面相同。quote 和 urlencode 的区别是 urlencode 需要用字典，单个字符用 quote 即可，因为 quote 只需要字符串就行了。

相应的，可以使用 urllib.parse.unquote() 方法进行解码，代码如下：

```
import urllib.parse

result=urllib.parse.unquote('a=%E5%94%AF%E4%BC%97%E6%99%BA%E5%88%9B')
print(result)
```

输出结果：

```
a=唯众智创
```

2. GET 请求实例

GET 请求一般用于向服务器获取数据，有时想在百度上查询一个关键词，会打开百度首页，并输入该关键词进行查询，那么这个过程怎样使用爬虫自动实现呢？

在浏览器中打开百度首页，在搜索框中输入关键词“唯众智创”，然后按【Enter】键，此时观察地址栏的变化。url 信息如下：

```
https://www.baidu.com/s?ie=utf-8&f=8&rsv_bp=1&rsv_idx=1&tn=baidu&wd=%E5%94
%AF%E4%BC%97%E6%99%BA%E5%88%9B&fenlei=256&oq=java&rsv_pq=9e5473260000e4be&rsv_
t=5ee8ZkgQjjWQjpR7ytanGK8C5rpLz66DO%2Bkl8n255euD6GPg%2BB8F5bWBw%2B0&rqlang=c
n&rsv_enter=1&rsv_dl=tb&rsv_btype=t&inputT=4070&rsv_sug3=39&rsv_sug1=33&rsv_
sug7=100&rsv_sug2=0&rsv_sug4=4070
```

可以看到 url 很长，用户可以通过搜索其他关键词的 url 信息进行类比。例如，搜索大数据，url 信息如下：

```
https://www.baidu.com/s?ie=utf-8&f=8&rsv_bp=1&rsv_idx=1&tn=baidu&wd=%E5%A4%A7%
E6%95%B0%E6%8D%AE&fenlei=256&oq=%25E5%2594%25AF%25E4%25BC%2597%25E6%2599%25BA%25E5
%2588%259B&rsv_pq=9c22cdf30000b5c2&rsv_t=4a47hrPttRQlJfoZKhXGl6I2k%2FUcqf1qqmjmegs
ELkT57G1zwPBtdy2PGeo&rqlang=cn&rsv_enter=1&rsv_dl=tb&rsv_btype=t&inputT=1190&rsv_
sug3=47&rsv_sug1=39&rsv_sug7=100&rsv_sug2=0&rsv_sug4=1190
```

类比发现从 ie 开始到 tn 的信息都是一样的，wd 才是所要查找的关键信息。简化 url 后发现搜索结果完全一样，此时，如果使用 Fiddler 查看 HTTP 请求，发现有个 GET 请求的格式如下：

```
https://www.baidu.com/s?=%E5%94%AF%E4%BC%97%E6%99%BA%E5%88%9B
```

在上面的网址中，字段 ie 的值为 utf-8，代表的是编码信息，而字段 wd 刚好是所要查询的信息，所以字段 wd 应该存储的就是用户带检索的关键词。

从上述分析可以看出，在百度上查询一个关键词时，会使用 GET 请求进行，其中关键性字段是 wd，网址的格式是“https://www.baidu.com/wd= 关键词”。

下面尝试使用 GET 方式发送请求，代码如下：

```
    import urllib.request
    import urllib.parse

    url="http://www.baidu.com/s"
    word={"wd":"唯众智创 "}
    # 转换成 url 编码格式（字符串）
    word=urllib.parse.urlencode(word)
    new_url=url+"?"+word
    headers={
        "Accept":"text/html,application/xhtml+xml,application/xml;q=0.9,image/
webp,image/apng,*/*;q=0.8,application/signed-exchange;v=b3;q=0.9",
        "User-Agent":"Mozilla/5.0(Windows NT 6.1; Win64; x64) AppleWebKit/537.36
(KHTML, like Gecko) Chrome/76.0.3809.132 Safari/537.36",
    }
    request=urllib.request.Request(new_url, headers=headers)
    response=urllib.request.urlopen(request)
    html=response.read().decode('UTF-8')
    print(html)
```

运行程序，程序输出的结果和使用浏览器搜索网页“https://www.baidu.com/s?wd= 唯众智创”的源代码是一模一样的，由此说明成功爬取了页面。

3. POST 请求实例

在进行注册、登录等操作时，基本上都会遇到 POST 请求，接下来就通过实例来分析如何通过爬虫来实现 POST 请求。

前面分析 urlopen() 方法时提到过，发送 HTTP 请求时，如果是以 POST 方式发送请求，urlopen() 方法必须设置 data 参数。data 参数以字典的形式存放数据。

当访问有道词典翻译网站进行词语翻译时，会发现不管输入什么内容，其 URL 一直都是 http://fanyi.youdao.com。通过使用 Fiddler 观察，发现该网站向服务器发送的是 POST 请求，如图 3-2 所示。

图 3-2　有道词典翻译网站

从图 3-2 中可以看出，当使用有道词典翻译 Python 时，返回的结果是一个 JSON 字符串。因为这里所采用的传递方法是 POST 方法，所以如果要使用爬虫自动实现，就需要构造 POST 请求。下面尝试模拟这个 POST 请求，具体代码如下：

```
import urllib.request
import urllib.parse

# POST 请求的目标 URL
url="http://fanyi.youdao.com/translate?smartresult=dict&smartresult=rule"
headers={"User-Agent":"Mozilla/5.0(Windows NT 6.1; Win64; x64) AppleWebKit/537.36 (KHTML, like Gecko) Chrome/76.0.3809.132 Safari/537.36"}
# 打开 Fiddler 请求窗口，点击 Web Forms 选项查看数据体
formdata={
    "i":"i love python",
    "from":"AUTO",
    "to":"AUTO",
    "smartresult":"dict",
    "client":"fanyideskweb",
    "salt":"15927909651032",
    "sign":"8ded005eb6fbe18d55f4aa3e502f12bd",
    "ts":"1592790965103",
    "bv":"7d4ac98e0e04505e57a74dd5992cc541",
    "doctype":"json",
    "version":"2.1",
    "keyfrom":"fanyi.web",
    "action":"FY_BY_CLICKBUTTION"
}
data=bytes(urllib.parse.urlencode(formdata).encode('utf-8'))
request=urllib.request.Request(url, data=data,headers=headers)
response=urllib.request.urlopen(request)
print(response.read().decode('utf-8'))
```

执行代码，输出结果如下：

```
{
    "type":"EN2ZH_CN",
    "errorCode":0,
    "elapsedTime":11,
    "translateResult":[
      [
        {
          "src":"i love python",
          "tgt":"我喜欢 python"
        }]]
}
```

上述代码实现思路如下：

(1) 设置好 URL 网址。

(2) 构建表单数据，参数包括 URL 地址、要传递的数据、请求头信息。

(3) 使用 urllib.request.urlopen() 打开对应的 Request 对象，完成信息的传递。

(4) 输出打印信息。

3.1.3 浏览器模拟——Headers 请求伪装

有时候，用户无法爬取一些网页，会出现 403 错误，是因为这些网页为了防止别人恶意采集其信息进行了一些反爬虫的设置。

针对这种情况，需要将爬虫程序发出的请求伪装成一个从浏览器发出的请求。伪装浏览器需要自定义请求报头，也就是在发送 Request 请求时，设置一些 Headers 信息，模拟浏览器去访问这些网站，此时，就能够解决这个问题。

下面是一个添加自定义请求头的例子，具体如下：

```
import urllib.request

url="http://www.whwzzc.com"
user_agent={"User-Agent":"Mozilla/5.0(Windows NT 6.1; Win64; x64)
AppleWebKit/537.36(KHTML, like Gecko) Chrome/76.0.3809.132 Safari/537.36"}
request=urllib.request.Request(url, headers=user_agent)
# 也可以通过调用 Request.add_header() 添加 / 修改一个特定的 header
request.add_header("Connection","keep-alive")
# 也可以通过调用 Request.get_header() 来查看 header 信息
#request.get_header(header_name="Connection")
response=urllib.request.urlopen(request)
# 可以查看响应状态码
print(response.code)
html=response.read().decode('utf-8')
print(html)
```

首先定义要爬取的网址，然后使用 urllib.request.Request() 创建一个 Request 对象并赋给变量 request，再使用 add_header() 方法添加对应的报头信息。

设置好报头后使用 urlopen() 打开 Request 对象就可以打开对应网址，然后使用 read() 方法读取网页信息。同时可以使用 response.code 查看响应的状态码。

3.2 代理服务器设置

视频

代理服务器

很多网站会检测某一段时间某个 IP 的访问次数，有时候使用同一个 IP 去爬取同一个网站上的网页,时间久了之后该网站会禁止来自该 IP 的访问。针对这种情况，可以使用代理服务器，每隔一段时间换一个代理。如果某个 IP 被禁止，可以换成其他 IP 继续爬取数据，使用代理服务器的时候，在目标网站上显示的不是真实 IP，而是代理服务器的 IP 地址。

opener 是 urllib.request.OpenerDirector 类的对象，之前一直使用的 urlopen 就是模块构建好的一个 opener，但是它不支持代理、Cookie 等其他的 HTTP/HTTPS 高级功能。所以，如果要想设置代理，不能使用自带的 urlopen，而是要自定义 opener。自定义 opener 需要执行下列三个步骤：

（1）使用相关的 Handler 处理器创建特定功能的处理器对象。

（2）通过 urllib.request.build_opener() 方法使用这些处理器对象创建自定义的 opener 对象。

（3）使用自定义的 opener 对象，调用 open() 方法发送请求。这里需要注意的是，如果程序中所有的请求都使用自定义的 opener，可以使用 urllib2.install_opener() 将自定义的 opener 对象定义为全局 opener，表示之后凡是调用 urlopen，都将使用自定义的 opener。

下面实现一个最简单的自定义 opener，具体代码如下：

```
import urllib.request

# 构建一个 HTTPHandler 处理器对象，支持处理 HTTP 请求
http_handler=urllib.request.HTTPHandler()
# 创建支持处理 HTTP 请求的 opener 对象
opener=urllib.request.build_opener(http_handler)
# 构建 Request 请求
request=urllib.request.Request("http://www.baidu.com/")
# 调用自定义 opener 对象的 open() 方法，发送 request 请求
#(注意区别：不再通过 urllib.request.urlopen() 发送请求)
response=opener.open(request)
# 获取服务器响应内容
print(response.read())
```

代码执行的结果和使用 urlopen 发送请求的结果是一样的。

如果在 HTTPHandler() 方法中增加参数 debuglevel=1, 会将 Debug Log 打开，这样程序在执行时，会把收包和发包的报头自动打印出来，以方便调试。代码如下：

```
# 构建一个 HTTPHandler 处理器对象，同时开启 Debug Log，debuglevel 值设置为 1
http_handler=urllib.request.HTTPHandler(debuglevel=1)
```

上面介绍了自定义的 opener 对象，接下来介绍如何使用自定义的 opener 来设置代理服务器。用户可以在互联网中搜索对应的代理服务器地址，获取免费开放的代理，也可以在一些代理网站收集这些免费代理，测试后如果可以用，就把它收集起来用在爬虫上面。部分免费代理网站如下：

（1）西拉免费代理 IP（https://www.xiladaili.com）。

（2）快代理免费代理（https://www.kuaidaili.com/free/）。

（3）全网代理 IP（http://www.goubanjia.com/）。

以西拉免费代理 IP 为例，访问 https://www.xiladaili.com 可以看到如图 3-3 所示的界面。

国内高匿代理IP

国家	代理IP地址	端口	服务器地址	是否匿名	类型	存活时间	[illegible]
	183.195.106.118	8118	移动	高匿	HTTPS	65天	1
	58.220.95.42	10174	江苏扬州	高匿	HTTP	3天	1
	223.247.8.30	39909	安徽	高匿	HTTPS	1分钟	1
	36.59.120.165	4216	安徽	高匿	HTTPS	1分钟	1
	113.251.217.62	8118	重庆	高匿	HTTPS	903天	1
	223.241.5.139	4216	安徽芜湖	高匿	HTTPS	1分钟	1
	182.138.178.238	8118	四川乐山	高匿	HTTP	3天	2
	58.215.201.98	35728	江苏无锡	高匿	HTTP	58天	2
	183.167.217.152	63000	安徽滁州	高匿	HTTP	748天	3
	27.188.65.244	8060	河北邯郸	高匿	HTTP	114天	4
	124.90.51.102	8888	浙江杭州	高匿	HTTPS	1分钟	4
	117.71.166.77	3000	安徽合肥	高匿	HTTPS	23天	4
	124.90.49.188	8888	浙江杭州	高匿	HTTPS	1分钟	4
	124.93.201.59	59618	辽宁大连	高匿	HTTPS	592天	5
	115.29.170.58	8118	北京	高匿	HTTP	1400天	5
	42.55.252.138	1133	辽宁	高匿	HTTPS	574天	6
	119.133.16.247	4216	广东江门	高匿	HTTPS	1分钟	6
	124.90.54.135	8888	浙江杭州	高匿	HTTPS	1分钟	6

图 3-3 代理服务器列表

可以看到有很多代理 IP，在使用时尽量找验证时间短的代理 IP，可以提高成功率。验证时间长的 IP 可能会失效。

如果代理 IP 足够多，就可以像随机获取 User-Agent 一样，随机选择一个代理去访问网站。示例代码如下：

```
import urllib.request
import random

proxy_list=[
    {"http": "183.32.234.227:9999"},
    {"http": "58.220.95.42:10174"},
    {"http": "182.34.103.124:9999"},
    {"http": "118.113.247.188:9999"},
    {"http": "1.199.31.61:9999"},
    {"http": "124.88.67.81:80"}
]
# 随机选择一个代理
proxy=random.choice(proxy_list)
# 使用选择的代理构建代理处理器对象
httpproxy_handler=urllib.request.ProxyHandler(proxy)
opener=urllib.request.build_opener(httpproxy_handler)
request=urllib.request.Request("https://www.baidu.com/")
response=opener.open(request)
print(response.read().decode('utf-8'))
```

同样，也可以只选取其中一个代理 IP，示例代码如下：

```
httpproxy_handler=urllib.request.ProxyHandler({"http": "124.88.67.81:80"})
```

两种方式的执行结果是一样的。如果代理服务器地址失效或者写错了，就会发生错误。这里将代理服务器地址中的 http 改为 https，结果如图 3-4 所示。

```
由于连接方在一段时间后没有正确答复或连接的主机没有反应，连接尝试失败。
```

图 3-4　连接失败

所以，在使用代理服务器爬取网站时出现异常，需要考虑正在使用的代理 IP 是否失效。实际爬取时可以像代码中那样准备多个代理 IP，如果出现某个代理 IP 失效的情况，程序会直接替换为其他代理 IP 地址再进行爬取。

但是，这些免费开放代理一般会有很多人在使用，而且代理有寿命短、速度慢、匿名度不高、HTTP/HTTPS 支持不稳定等缺点。所以，专业爬虫工程师或爬虫公司会使用高品质的私密代理，这些代理通常需要找专门的代理供应商购买，再通过用户名 / 密码授权使用。使用私密代理 IP 时，为了安全一般会把私密代理 IP 用户名、密码保存到系统环境变量中，再读出来。

3.3 超时设置

在介绍 urlopen() 方法时已知这个方法可以接收多个参数，其中 timeout 就是用于设置超时时间的。

假设有个需求，要爬取 1 000 个网站，如果其中有 100 个网站需要等待 30 s 才能返回数据，如果要返回所有的数据，至少需要等待 3 000 s。如此长时间的等待显然是不可行的，为此，可以为 HTTP 请求设置超时时间，一旦超过这个时间，服务器还没有返回响应内容，就会抛出一个超时异常，这个异常需要使用 try 语句来捕获。

例如，使用快代理（一个开放代理网站）中的一个 IP，它的响应速度需要 2 s。此时，如果将超时时间设置为 1s，程序就会抛出异常。具体代码如下：

```
import urllib.request

try:
    url='http://183.32.234.227:9999'
    file=urllib.request.urlopen(url, timeout=1) #timeout 设置超时的时间
    result=file.read()
    print(result)
except Exception as error:
    print(error)
```

程序运行结果如图 3-5 所示。

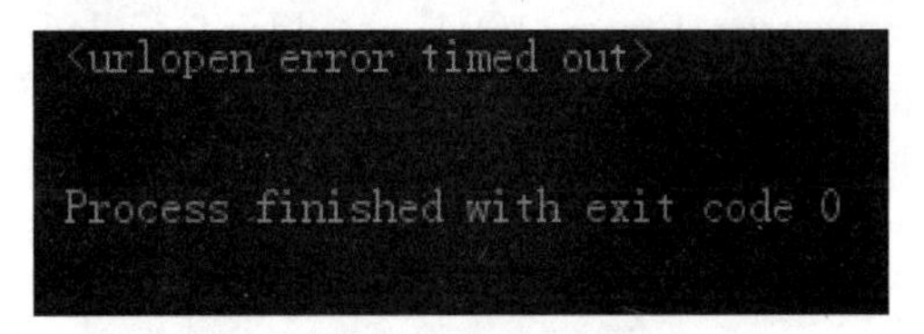

图 3-5　超时异常

3.4 异常处理

当使用 urlopen() 方法发送 HTTP 请求时，如果 urlopen() 不能处理返回的响应内容，就会产生错误。这时如果不处理这些异常，程序就可能因为报错而终止运行。用户可以使用 URLError 类进行相应的处理，使用 URLError 类首先要导入 urllib.error 模块。

进行异常处理，可以使用上一节中的 try...except 语句，在 try 中执行主要代码，在 except 中捕获异常信息，并进行相应的异常处理。这里主要针对 URLError 与 HTTPError 两个常见的异常进行介绍。

3.4.1 URLError

urllib 的 error 模块定义了由 request 模块产生的异常。如果出现问题，request 模块便会抛出 error 模块中定义的异常。

一般来说，URLError 产生的原因主要有以下几种可能：

（1）没有连接网络。

（2）服务器连接失败。

（3）找不到指定服务器（远程 URL 不存在）。

（4）触发了 HTTPError。

下面用一个实例进行说明：

```
import urllib.request
import urllib.error

request=urllib.request.Request("https://blog.csdn.net/index")
try:
    urllib.request.urlopen(request, timeout=5)
except urllib.error.URLError as err:
    print(err)
```

程序运行结果：

```
HTTP Error 404: Not Found
```

上面打开了一个不存在的页面，正常情况下是会报错的，但是在代码中捕获了 URLError 异常。这样程序不会直接报错，避免了程序异常终止。

3.4.2 HTTPError

URLError 可以处理 HTTPError 异常，而 HTTPError 无法处理 URLError 异常，当 url 是一个不存在的地址时，会出现 <urlopen error [Errno 11004] getaddrinfo failed> 的错误信息，原因是没有找到指定服务器。示例代码如下：

```
import urllib.request
import urllib.error

request=urllib.request.Request("https://www.wqadadfasfada.com")
try:
   urllib.request.urlopen(request, timeout=5)
except urllib.error.HTTPError as err:
    print(err)
```

程序运行结果：

```
Traceback(most recent call last):
  File "D:\Python3.6\lib\urllib\request.py", line 1318, in do_open
    encode_chunked=req.has_header('Transfer-encoding'))
  File "D:\Python3.6\lib\http\client.py", line 1239, in request
    self._send_request(method, url, body, headers, encode_chunked)
  File "D:\Python3.6\lib\http\client.py", line 1285, in _send_request
    self.endheaders(body, encode_chunked=encode_chunked)
    ...
```

可以看到程序出现了错误，表示无法进行异常处理。HTTPError 是 URLError 的子类，专门用来处理 HTTP 请求错误，如认证请求失败等，它的对象拥有一个整型的 code 属性，表示服务器返回的错误代码。

当修改 urllib.error.HTTPError 为 urllib.error.URLError 时会输出错误状态码。不同的响应码代表不同的含义，例如 100 ～ 200 范围的号码表示成功，而错误码的范围为 400 ~ 599。

通过上面的讲解可知 URLError 的功能比 HTTPError 要“强大”，那么可以直接使用 URLError 代替 HTTPError 吗？答案是不能，下面直接将上面例子中的 HTTPError 修改为 URLError：

```
import urllib.request
import urllib.error

request=urllib.request.Request("https://www.wqadadfasfada.com")
try:
    urllib.request.urlopen(request, timeout=5)
except urllib.error.URLError as err:
    print(err.code)
    print(err.reason)
```

运行代码发现执行起来是有问题的，信息如下：

```
urllib.error.URLError: <urlopen error [Errno 11004] getaddrinfo failed>
AttributeError: 'URLError' object has no attribute 'code'
```

报错的原因是找不到指定服务器，也就是说没有 err.code，所以无法输出 err.code。虽然去掉 err.code 就可以解决异常问题，但如果此时出现的是 HTTPError，又需要获取状态码该怎么做呢？

因为 URLError 是 HTTPError 的父类，所以可以先选择捕获子类的错误，再去捕获父类的错误。代码如下：

```
import urllib.request
import urllib.error

request=urllib.request.Request("https://www.wqadadfasfada.com")
try:
    urllib.request.urlopen(request, timeout=5)
except urllib.request.HTTPError as err:
    print(err.code, err.reason, err.headers, sep='\n')
except urllib.error.URLError as err:
    print(err)
```

3.5 urllib 库爬虫实战——百度贴吧

为了更好地了解使用 urllib 库爬取网页的流程，下面使用 urllib 库实现一个爬取百度贴吧网页的案例。首先分析一下百度贴吧网站的 URL 地址的格式，例如，在百度贴吧搜索“java 吧”，就会显示出所有和 Java 吧相关的帖子，如图 3-6 所示。

可以看到 URL 地址是 https://tieba.baidu.com/f?kw=java&ie=utf-8&pn=0，其中 https://tieba.baidu.com/f 是基础部分，问号后面的 kw=java、pn=0 是参数本分，ie 指定的是转码格式。参数部分的 java 是搜索的关键字，pn 值与贴吧的页码有关。如果用 n 表示第几页，那么 pn 参数的值是按照 $(n-1)\times 50$ 的规律进行赋值。例如，百度贴吧中的“java 吧”，前三页对应的 URL 地址如下：

第一页：http://tieba.baidu.com/f?kw=java&pn=0。

第二页：http://tieba.baidu.com/f?kw=java&pn=50。

第三页：http://tieba.baidu.com/f?kw=java&pn=100。

图 3-6　Java 吧

知道规律之后就可以开始爬取，步骤如下：

（1）提示用户输入要爬取的贴吧名，以及要查询的起始页和结束页。然后，使用 urllib. parse. urlencode（）对 url 参数进行转码，组合成一个完整的可访问的 url 并调用 tieba_spider（）函数，传入 url、起始页与结束页。具体代码如下：

```
if __name__=="__main__":
    kw=input("请输入需要爬取的贴吧名")
    begin_page=int(input("请输入起始页:"))
    end_page=int(input("请输入结束页:"))
    url='http://tieba.baidu.com/f?'
    key=urllib.parse.urlencode({"kw": kw})
    # 组合后的url示例: http://tieba.baidu.com/f?kw=java
    url=url+key
    tieba_spider(url, begin_page, end_page)
```

（2）编写一个用于爬取百度贴吧的函数 tieba_spider（），该函数需要传递三个参数，分别是 URL 地址、表示爬取页码范围的起始页码和终止页码。具体代码如下：

```
def tieba_spider(url, begin_page, end_page):
    '''
    作用: 贴吧爬虫调度器，负责组合处理每个页面的url
    url:贴吧url的前半部分
    begin_page:起始页码
    end_page:结束页
    '''
    for page in range(begin_page, end_page + 1):
        pn=(page-1)*50
        file_name="第"+str(page) +"页.html"
        full_url=url+"&pn="+str(pn)
        html=load_page(full_url, file_name)
        write_page(html, file_name)
```

（3）编写一个实现爬取功能的函数，该函数构造了一个 Request 对象，然后使用 urllib. request. urlopen 爬取网页，返回响应内容。具体代码如下：

```
def load_page(url,filename):
    '''
    作用：根据 url 发送请求，获取服务器响应文件
    url：需要爬取的 url 地址
    '''
      headers={"User-Agent":"Mozilla/5.0(Windows NT 6.1; Win64; x64)
AppleWebKit/537.36 (KHTML, like Gecko) Chrome/76.0.3809.132 Safari/537.36"}
    request=urllib.request.Request(url, headers=headers)
    return urllib.request.urlopen(request).read()
```

（4）编写一个存储文件的函数将爬取到的每页信息存储在本地磁盘上。具体代码如下：

```
def write_page(html,filename):
    '''
    作用：将 html 内容写入本地文件
    html：服务器响应文件内容
    '''
    print(" 正在保存 "+filename)
    with open(filename, 'w', encoding='utf-8') as file:
       file.write(html.decode('utf-8'))
```

（5）运行程序，按照提示输入贴吧名称以及要爬取的起始页和结束页，发现会生成三个文件，这三个文件保存的正是爬取的“java 吧”的前三个页面。

其实很多网站都是这样的，同一网站下的 HTML 页面编号与对应网址后的网页序号一一对应，只要发现规律就可以批量爬取页面。

第 4 章 requests 库

利用 Python 爬取网页数据除了使用内置的 urllib 库之外，还可以使用第三方库 requests。本章针对 requests 库进行详细讲解。

4.1 requests 库概述

第 3 章讲解了 urllib 的基本用法，但是其中确实有不方便的地方，虽然这个库提供了很多关于 HTTP 请求的函数，但是这些函数的使用方式并不简洁，仅仅实现一个小功能就要用到很多代码。为了更加方便地实现这些操作，就有了更为强大的 requests 库。

requests 是用 Python 语言编写，基于 urllib，采用 Apache2 Licensed 开源协议的 HTTP 库。它比 urllib 更加方便，与 urllib 标准库相比，它不仅使用方便，而且能节约大量的工作。实际上，requests 是在 urllib 的基础上进行了高度的封装，它不仅继承了 urllib 的所有特性，而且还支持一些其他的特性。例如，使用 Cookie 保持会话、自动确定响应内容的编码等，可以轻而易举地完成浏览器的任何操作。

requests 库中提供了如下常用的类：

（1）requests.Request：表示请求对象，用于将一个请求发送到服务器。

（2）requests.Response：表示响应对象，其中包含服务器对 HTTP 请求的响应。

（3）requests.Session：表示请求会话，提供 Cookie 持久性、连接池和配置。

其中，Request 类的对象表示一个请求，它的生命周期针对一个客户端请求，一旦请求发送完毕，该请求包含的内容就会被释放。而 Session 类的对象可以跨越多个页面，它的生命周期同样针对的是一个客户端。当关闭这个客户端的浏览器时，只要是在预先设置的会话周期内（一般是 20~30 min），这个会话包含的内容就会一直存在，不会被马上释放。例如，用户登录某个网站时，可以在多个 IE 窗口发送多个请求。

4.1.1　实例引入

与 urllib 库相比，requests 库更加深得人心，它不仅能够重复地读取返回的数据，而且还能自动确定响应内容的编码。为了能让大家直观地看到这些变化，下面分别使用 urllib 库和 requests 库爬取百度网站中“唯众智创”关键字的搜索结果网页。

（1）使用 urllib 库以 GET 请求的方式爬取网页。具体代码如下：

```
    # 导入请求和解析模块
    import urllib.request
    import urllib.parse

    # 请求的 URL 路径和查询参数
    url="http://www.baidu.com/s"
    word={"wd": "唯众智创"}
    # 转换成 url 编码格式（字符串）
    word=urllib.parse.urlencode(word)
    # 拼接完整的 URL 路径
    new_url=url + "?" + word
    # 请求报头
    headers={
       "Accept": "text/html,application/xhtml+xml,application/xml;q=0.9,image/
webp,image/apng,*/*;q=0.8,application/signed-exchange;v=b3;q=0.9",
       "User-Agent": "Mozilla/5.0 (Windows NT 10.0; WOW64) AppleWebKit/537.36
(KHTML, like Gecko) Chrome/51.0.2704.103 Safari/537.36"
    }
    # 根据 URL 和 headers 构建请求
    request=urllib.request.Request(new_url, headers=headers)
    # 发送请求，并接收服务器返回的文件对象
    response=urllib.request.urlopen(request)
    # 使用 read() 方法读取获取到的网页内容，使用 UTF-8 格式进行解码
    html=response.read().decode('UTF-8')
    print(html)
```

（2）使用 requests 库以 GET 请求的方式爬取网页。具体代码如下：

```
    # 导入 requests 库
    import requests

    # 请求的 URL 路径和查询参数
    url="http://www.baidu.com/s"
    param={"wd": "唯众智创"}
    # 请求报头
    headers={
        "Accept":"text/html,application/xhtml+xml,application/xml;q=0.9,image/
webp,image/apng,*/*;q=0.8,application/signed-exchange;v=b3;q=0.9",
        "User-Agent":"Mozilla/5.0 (Windows NT 10.0; WOW64) AppleWebKit/537.36
(KHTML, like Gecko) Chrome/51.0.2704.103 Safari/537.36"
    }
    # 发送 GET 请求，返回一个响应对象
    response=requests.get(url, params=param, headers=headers)
    # 查看响应的内容
    print(response.text)
```

这里调用 get() 方法实现与 urlopen() 相同的操作，得到一个 Response 对象，然后输出了响应

体的内容。比较两段代码很容易发现，使用 requests 库后减少了发送请求的代码量。

4.1.2 request

使用 get() 方法很方便地实现了一个 GET 请求，更方便之处在于其他的请求类型依然可以用此方法完成。requests 库中提供了很多发送 HTTP 请求的函数，具体如表 4-1 所示。

表 4-1 requests 库的请求函数

函　　数	功 能 说 明
requests.request()	构造一个请求，支持以下各方法的基础方法
requests.get()	获取 HTML 网页的主要方法，对应于 HTTP 的 GET 请求方式
requests.head()	获取 HTML 网页头信息的方法，对应于 HTTP 的 HEAD 请求方式
requests.post()	向 HTML 网页提交 POST 请求的方法，对应于 HTTP 的 POST 请求方式
requests.put()	向 HTML 网页提交 PUT 请求的方法，对应于 HTTP 的 PUT 请求方式
requests.patch()	向 HTML 网页提交局部修改请求，对应于 HTTP 的 PATCH 请求方式
requests.delete()	向 HTML 网页提交删除请求，对应于 HTTP 的 DELETE 请求方式

在 4.1.1 节中使用 requests 构建了一个 GET 请求爬取了网页，下面详细讲解一下构建步骤。

1. GET

首先构建一个最简单的 GET 请求，请求地址为 http://httpbin.org/get，这个网站能测试 HTTP 请求和响应的各种信息，如 cookie、ip、headers 和登录验证等，且支持 GET、POST 等多种方法。如果客户端发起的是 GET 请求，网站就会返回相应的请求信息。代码如下：

```
# 导入 requests 库
import requests

# 发送 GET 请求，返回一个响应对象
response=requests.get('http://httpbin.org/get')
# 查看响应的内容
print(response.text)
```

输出结果如下：

```
{
   "args":{},
   "headers":{
      "Accept":"*/*",
      "Accept-Encoding":"gzip, deflate",
      "Host":"httpbin.org",
      "User-Agent": "python-requests/2.22.0",
      "X-Amzn-Trace-Id":"Root=1-5ef2c539-207607a738210c86cd6658a6"
   },
   "origin":"171.113.165.165",
   "url":"http://httpbin.org/get"
}
```

可以发现，这里成功发起了 GET 请求，返回结果中包含请求头、URL、IP 等信息。如果需要

携带参数，可以直接在 url 后面添加参数信息。例如：

```
response=requests.get('http://httpbin.org/get?name=zhangsan&age=18')
```

这样是可以的，但是不方便。一般情况下，这种信息数据会用字典来存储，在 get() 函数中可以使用 params 来传入参数。例如：

```
# 导入 requests 库
import requests

param={
    'name':'zhangsan',
    'age':18
}
url='http://httpbin.org/get'
# 发送 GET 请求，返回一个响应对象
response=requests.get(url,params=param)
# 查看响应的内容
print(response.text)
```

输出结果如下：

```
{
    "args":{
        "age":"18",
        "name":"zhangsan"
    },
    "headers":{
        "Accept": "*/*",
        "Accept-Encoding": "gzip, deflate",
        "Host":"httpbin.org",
        "User-Agent":"python-requests/2.22.0",
        "X-Amzn-Trace-Id": "Root=1-5ef2c7b6-cd514f409c58cb5c3a41141c"
    },
    "origin": "171.113.165.165",
    "url": "http://httpbin.org/get?name=zhangsan&age=18"
}
```

观察结果发现，请求的 url 自动被拼接成了 http://httpbin.org/get?name=zhangsan&age=18。

上面请求的是用来测试 HTTP 请求和响应的网站，如果要爬取知乎或者其他网站的内容时就需要加入 headers 信息（参见 4.1.1 节），否则会出现如下错误：

```
<!DOCTYPE html>
<html lang="zh-CN">
<head>
    <meta charset="utf-8">
    <title>百度安全验证</title>
    <meta http-equiv="Content-Type" content="text/html; charset=utf-8">
    <meta name="apple-mobile-web-app-capable" content="yes">
    <meta name="apple-mobile-web-app-status-bar-style" content="black">
    <meta name="viewport" content="width=device-width, user-scalable=no, initial-
scale=1.0, minimum-scale=1.0, maximum-scale=1.0">
    <meta name="format-detection" content="telephone=no, email=no">
    <link rel="shortcut icon" href="https://www.baidu.com/favicon.ico" type=
"image/x-icon">
```

```
        <link rel="icon" sizes="any" mask href="https://www.baidu.com/img/baidu.svg">
        <meta http-equiv="X-UA-Compatible" content="IE=Edge">
        <meta http-equiv="Content-Security-Policy" content="upgrade-insecure-requests">
        <link rel="stylesheet" href="https://wappass.bdimg.com/static/touch/css/api/
mkdjump_8befa48.css" />
    </head>
    <body>
        <div class="timeout hide">
            <div class="timeout-img"></div>
            <div class="timeout-title">网络不给力，请稍后重试</div>
            <button type="button" class="timeout-button">返回首页</button>
        </div>
        <div class="timeout-feedback hide">
            <div class="timeout-feedback-icon"></div>
            <p class="timeout-feedback-title">问题反馈</p>
        </div>

    <script src="https://wappass.baidu.com/static/machine/js/api/mkd.js"></script>
    <script  src="https://wappass.bdimg.com/static/touch/js/mkdjump_6003cf3.js"></
script>
    </body>
    </html><!--3088696911120640129006241l-->
    <script> var _trace_page_logid = 3088696911; </script>
```

可以看到，如果没有 headers 信息，百度是禁止爬取的。

2. POST

了解了最基本的 GET 请求后，再来看另一种比较常见的请求方式 POST。与 GET 请求一样，只需要修改发送请求的方式为 POST 即可。代码如下：

```
# 导入 requests 库
import requests

param={
    'name':'zhangsan',
    'age':18
}
url='http://httpbin.org/post'
# 发送 GET 请求，返回一个响应对象
response=requests.post(url, data=param)
# 查看响应的内容
print(response.text)
```

这里请求的 url 变成了 http://httpbin.org/post，网站判断请求方式是 POST 后就会返回相关信息。代码运行结果如下：

```
{
    "args":{},
    "data":"",
    "files":{},
    "form":{
        "age":"18",
        "name":"zhangsan"
    },
    "headers":{
```

```
        "Accept":"*/*",
        "Accept-Encoding":"gzip, deflate",
        "Content-Length":"20",
        "Content-Type":"application/x-www-form-urlencoded",
        "Host":"httpbin.org",
        "User-Agent":"python-requests/2.22.0",
        "X-Amzn-Trace-Id":"Root=1-5ef2e84d-87156230b8610b88a789c9b8"
    },
    "json":null,
    "origin":"171.113.165.165",
    "url":"http://httpbin.org/post"
}
```

根据打印的信息可以看出，成功地返回了结果，其中 form 中的内容就是用户提交的数据，这说明 POST 请求是发送成功的。

4.1.3　response

表 4-1 列举了一些常用于 HTTP 请求的函数，这些函数都可用于做两件事情：一件是构建一个 Request 类型的对象，该对象将被发送到某个服务器上请求或者查询一些资源；另一件是一旦得到服务器返回的响应，就会产生一个 Response 对象，该对象包含了服务器返回的所有信息，也包括原来创建的 Request 对象。

发送请求后，得到的自然就是响应。Response 类用于动态地响应客户端的请求，控制发送给用户的信息，并且将动态地生成响应，包括状态码、网页的内容等。表 4-2 列举了 Response 类的常用属性。

表 4-2　Response 类的常用属性

属　性	说　明
Status_code	HTTP 请求的返回状态，200 表示连接成功，404 表示失败
text	HTTP 响应内容的字符串形式，即 URL 对应的页面内容
encoding	从 HTTP 请求头中猜测的响应内容编码方式
apparent_encoding	从内容中分析出的响应编码的方式（备选编码方式）
content	HTTP 响应内容的二进制形式

此外，还有很多属性和方法可以用来获取其他信息，如状态码、响应头、Cookies 等。示例如下：

```
# 导入 requests 库
import requests

response=requests.get('http://www.baidu.com')
print(type(response.status_code),response.status_code)
print(type(response.headers),response.headers)
print(type(response.cookies),response.cookies)
print(type(response.url),response.url)
print(type(response.history),response.history)
```

运行结果如下：

```
<class 'int'> 200
<class 'requests.structures.CaseInsensitiveDict'>{'Content-Type':'text/html',
'Content-Encoding':'gzip'}
<class 'requests.cookies.RequestsCookieJar'> <RequestsCookieJar[]>
<class 'str'> http://www.baidu.com/
<class 'list'> []
```

通过运行结果可以发现，分别打印输出 status_code 属性得到状态码，输出 headers 属性得到响应头，返回类型是 CaseInsensitiveDict；输出 cookies 属性得到 Cookies，返回类型是 RequestsCookieJar；输出 url 属性得到 URL；输出 history 属性得到请求历史。

Response 类会自动解码来自服务器的内容，并且大多数的 Unicode 字符集都可以被无缝地解码。

当请求发出之后，Requests 库会基于 HTTP 头部信息对响应的编码做出有根据的判断。例如，在使用 response.text（response 为响应对象）时，可以使用判断的文本编码。此外，还可以找出 requests 库使用了什么编码，并且可以设置 encoding 属性进行改变。例如：

```
>>>response.encoding
'utf-8'
>>> response.encoding='ISO-8859-1'
```

再次调用 text 属性获取返回的文本内容时，将会使用上述设置的新的编码方式。

4.1.4 Robots 协议

利用 urllib 的 robotparser 模块，可以实现网站 Robots 协议的分析。本节简单了解一下该模块的用法。

1. robots.txt 文件

Robots 协议（又称爬虫协议、机器人协议等）是互联网界通行的道德规范，网站通过一个符合 Robots 协议的 robots.txt 文件来告诉搜索引擎哪些页面可以爬取，哪些页面不能爬取。

robots.txt 文件是搜索引擎访问网站时要查看的第一个文件，一般放在网站的根目录下，它会限定网络爬虫的访问范围。

当一个网络爬虫访问一个站点时，它会先检查该站点根目录下是否存在 robots.txt 文件。如果该文件存在，那么网络爬虫就会按照该文件中的内容来确定访问的范围；如果该文件不存在，那么所有的网络爬虫就能够访问网站上所有没有被密码保护的页面。

下面是一个 robots.txt 的样例：

```
User-agent: *
Disallow: /
Allow: /piblic/
```

上面的 User-agent 描述了爬虫的名称，在 robots.txt 文件中，至少要有一条 User-agent 记录。如果有多条 User-agent 记录，则说明有多个 robot 会受到该协议的限制。 若该项的值设为“*”，则该协议对任何搜索引擎均有效，且这样的记录只能有一条。例如：

```
User-agent: Baiduspider
```

表示所设置的规则对百度爬虫是有效的。

Disallow 用于描述不希望被访问到的一个 URL，在上面例子中的“/”表示所有页面都不允许爬取。

Allow 用于描述希望被访问的一组 URL，与 Disallow 项相似，这个值可以是一条完整的路径，也可以是路径的前缀。Allow 一般和 Disallow 一起使用，不会单独使用，用来排除某些限制。上面设置为 /public/，表示所有页面却不允许爬取，但可以爬取 public 目录。

常用的 robots.txt 写法如下：

（1）禁止所有爬虫访问任何目录。

```
User-agent: *
Disallow: /
```

（2）允许所有爬虫访问任何目录。

```
User-agent: *
Disallow:
```

（3）禁止所有爬虫访问网站某些目录。

```
User-agent: *
Disallow: /private/
Disallow: /tmp/
```

（4）只允许某一个爬虫访问。

```
User-agent: WebCrawler
Disallow:
User-agent: *
Disallow: /
```

大多数网站都会定义 robots.txt 文件，可以让爬虫了解爬取该网站存在哪些限制。例如，访问 https://www.jd.com/robots.txt 获取京东网站定义的 robots.txt 文件：

```
User-agent: *
Disallow: /?*
Disallow: /pop/*.html
Disallow: /pinpai/*.html?*
User-agent: EtaoSpider
Disallow: /
User-agent: HuihuiSpider
Disallow: /
User-agent: GwdangSpider
Disallow: /
User-agent: WochachaSpider
Disallow: /
```

通过观察可以看到，robots.txt 文件禁止所有搜索引擎收录京东网站的某些目录，例如 / pinpai/*.html?*。另外，该文件还禁止 User-agent（用户代理）为 EtaoSpider、HuihuiSpider、GwdangSpider 和 WochachaSpider 的爬虫爬取该网站的任何资源。

2. 爬虫名称

在京东的 robots.txt 文件中可以看到很多爬虫名称。这些爬虫名称是怎么来的？还有哪些爬虫名称？它们对应的网站是什么？表 4-3 中列出了一些常见的搜索爬虫的名称以及对应的网站。

表 4-3　爬虫名称与对应网站

爬虫名称	所属公司	网　站
Baiduspider	百度	www.baidu.com
Bingbot	微软必应	cn.bing.com
360Spider	360 搜索	www.so.com
Yisouspider	神马搜索	http://m.sm.cn/
Sogouspider	搜狗搜索	https://www.sogou.com/
Yahoo! Slurp	雅虎	https://www.yahoo.com/
YodaoBot	有道	www.youdao.com

3. robotparser

robotpaser 模块提供一个类 RobotFileParser 专门用来解析 robots.txt，通过解析来判断是否允许爬取网站的某一目录。

使用时直接传入 url 即可：

```
urllib.robotparser.RobotFileParser(url='https://www.taobao.com/robots.txt')
```

当然，也可以在实例化时不传入 url，稍后通过 set_url() 方法传入。下面列出了这个类常用的几个方法。

（1）set_url(url)：用来设置 robots.txt 文件链接，如果在初次实例化 RobotFileParser 类时传入了 url 参数，就不需要再次调用此方法设置。

（2）read()：读取 robots.txt 文件并将读取结果交给 parse() 解析器进行解析。

（3）parse(lines)：用来解析 robots.txt 文件内容，分析传入的某些行的协议内容。

（4）can_fetch(useragent, url)：需要两个参数，User-Agent、所要爬取的 URL 链接，返回此搜索引擎是否允许爬取此 URL，返回结果为 True、False。

（5）mtime()：返回上次爬取分析 robots.txt 文件的时间，这对于需要对 robots.txt 进行定期检查更新的长时间运行的网络爬虫非常有用。

（6）modified()：对于长时间分析和爬取的搜索爬虫很有帮助，将当前时间设置为上次爬取和分析 robots.txt 的时间。

（7）crawl_delay(useragent)：返回爬取延迟时间的值，从相应的 User-Agent 的 robots.txt 返回 Crawl-delay 参数的值。如果没有这样的参数，或者它不适用于指定的 User-Agent，或者此参数的 robots.txt 条目语法无效，则返回 None。

（8）request_rate(useragent)：从 robots.txt 返回 Request-rate 参数的内容，作为命名元组 RequestRate（requests，seconds）。如果没有这样的参数，或者它不适用于指定的 useragent，或者此参数的 robots.txt 条目语法无效，则返回 None。（Python 3.6 新增方法）

例如：

```
import urllib.robotparser
```

```
rp=urllib.robotparser.RobotFileParser()
# 设置 robots.txt 文件 URL
rp.set_url('https://www.csdn.net/robots.txt')
# 读取操作必须有，不然后面解析不到
rp.read()
# 判断网址是否允许爬取
print(rp.can_fetch('Googlebot','https://blog.csdn.net/dataiyangu/article/details/97544551'))
print(rp.can_fetch('*','https://blog.csdn.net/dataiyangu/article/details/97544551'))
```

这里以 CSDN 为例，首先创建 RobotFileParser 对象，然后通过 set_url() 方法设置了 robots.txt 的链接。接着利用 can_fetch() 方法判断了网页是否可以被爬取。

运行结果如下：

```
True
True
```

这里还可以使用 parse() 方法执行读取和解析，代码如下：

```
"""
使用 parse() 方法执行读取和分析
"""
import urllib.robotparser
import urllib.request


rp=urllib.robotparser.RobotFileParser()
rp.parse(urllib.request.urlopen('https://www.csdn.net/robots.txt').read().decode('utf-8').split('\n'))

print(rp.can_fetch('Googlebot','https://blog.csdn.net/dataiyangu/article/details/97544551'))
print(rp.can_fetch('*','https://blog.csdn.net/dataiyangu/article/details/97544551'))
```

运行结果和上面是一样的。

4.2 高级用法

在上一节中，介绍了 requests 的基本用法，比如基本的 GET、POST 请求以及 Response 对象。本节介绍 requests 的一些高级用法，如文件上传、Cookies 设置、SSL 证书验证等。

4.2.1 文件上传

request 可以模拟提交一些数据，也可以用来实现网站文件上传。代码如下：

```
# 导入 requests 库
import requests
files={'file': open('nginx.conf', 'rb')}
response=requests.post('http://www.httpbin.org/post', files=files)
print(response.text)
```

我们可以使用前面爬取的百度贴吧的文件，也可以使用其他文件来上传，更改代码中的文件名字即可。但是文件需要和当前脚本在同一目录下。代码运行结果如下：

```
{
    "args":{},
    "data":"",
    "files":{
        "file":"worker_processes  2;\n\n...
    },
    "form":{},
    "headers":{
        "Accept":"*/*",
        "Accept-Encoding":"gzip, deflate",
        "Content-Length":"2374",
        "Content-Type":"multipart/form-data; boundary=f2f557d5d6ed04f94c8007ae70f
30f32",
        "Host":"www.httpbin.org",
        "User-Agent":"python-requests/2.22.0",
        "X-Amzn-Trace-Id": "Root=1-5ef2fb69-a9c50e189055c9d9bfe84935"
    },
    "json":null,
    "origin":"171.113.165.165",
    "url":"http://www.httpbin.org/post"
}
```

视频

Cookie

这个网站会返回响应，里面包含 files 这个字段，而 form 字段是空的，这证明文件上传部分会单独有一个 files 字段来标识。

4.2.2 Cookies

使用 urllib 也可以处理 Cookies，但是写法比较复杂。使用 requests，只需要一步就可以获取和设置 Cookies。

先看一下 Cookies 的获取过程，代码如下：

```
# 导入 requests 库
import requests

response=requests.get('https://www.baidu.com')
print(response.cookies)
for key, value in response.cookies.items():
    print(key+'='+value)
```

运行结果如下：

```
<RequestsCookieJar[<Cookie BDORZ=27315 for .baidu.com/>]>
BDORZ=27315
```

这里首先调用 cookies 属性即可成功得到 Cookies，可以发现它是 RequestCookieJar 类型。然后用 items() 方法将其转化为元组组成的列表，遍历输出每一个 Cookie 的名称和值，实现 Cookie 的遍历解析。

也可以直接使用 Cookie 来维持登录状态，下面以 CSDN 为例说明。首先登录 CSDN，将 Headers 中的 Cookie 内容复制下来，如图 4-1 所示。

图 4-1　Cookie

例如：

```
# 导入 requests 库
import requests

headers={
   'Cookie':'uuid_tt_dd=10_28763519090-1592819453082-205294;'
            'dc_session_id=10_1592819453082.833302; __'
            'gads=ID=c3725aef2a1a922d:T=1592876358:S=ALNI_MZI52Pdkwc8iW_vdiMrjnuy8_uX5w;'
            'UserName=NoSuchObjectError;'
            'UserInfo=128c0f6424344d37a7d9cb64ef18bf9e;'
            'UserToken=128c0f6424344d37a7d9cb64ef18bf9e;'
            'UserNick=%E6%98%94%E5%88%AB%E4%B8%80%E5%B1%95%E9%B2%B2%E9%B9%8F%E6
%84%8F;'
             'AU=E21; UN=NoSuchObjectError;'
```

```
                'BT=1592878477810; p_uid=U000000; Hm_up_6bcd52f51e9b3dce32bec4a399
7715ac=%7B%22islogin%22%3A%7B%22value%22%3A%221%22%2C%22scope%22%3A1%7D%2C%22isonl
ine%22%3A%7B%22value%22%3A%221%22%2C%22scope%22%3A1%7D%2C%22isvip%22%3A%7B%22value
%22%3A%220%22%2C%22scope%22%3A1%7D%2C%22uid_%22%3A%7B%22value%22%3A%22NoSuchObject
Error%22%2C%22scope%22%3A1%7D%7D;'
                'Hm_ct_6bcd52f51e9b3dce32bec4a3997715ac=6525*1*10_28763519090-1592819453082-
205294!5744*1*NoSuchObjectError;'
                'dc_sid=1b57da27f2bf3028228a50af813504a1;'
                'TY_SESSION_ID=2285fa70-0247-485a-9234-7a978f308b3f;'
                'c_first_ref=www.baidu.com; c_first_'
                'page=https%3A//blog.csdn.net/weixin_34163741/article/details/88802489;'
                'c_ref=https%3A//www.baidu.com/link;'
                'Hm_lvt_6bcd52f51e9b3dce32bec4a3997715ac=1592876359,1592890697, 1592894007,
1592967394;'
                'announcement=%257B%2522isLogin%2522%253Atrue%252C%2522announcement
Url%2522%253A%2522https%253A%252F%252Fmarketing.csdn.net%252Fp%252F00839b3532e2216
b0a7a29e972342d2a%253Futm_source%253D618%2522%252C%2522announcementCount%2522%253A
0%252C%2522announcementExpire%2522%253A3600000%257D;'
                'dc_tos=qcfa3p; Hm_lpvt_6bcd52f51e9b3dce32bec4a3997715ac=1592988901',
                'Host': 'www.csdn.net',
                'User-Agent': 'Mozilla/5.0 (Windows NT 6.1; Win64; x64) AppleWebKit/537.36
(KHTML, like Gecko) Chrome/76.0.3809.132 Safari/537.36'
    }
    response=requests.get("https://www.csdn.net/", headers=headers)
    print(response.text)
```

运行结果如图 4-2 所示。

```
<div class="carousel-right">
                <div class="carousel-right-u" data-report-click='{"mod":"popu_616","dest":"https://blog.c
        <a href="https://blog.csdn.net/csdnsevenn/article/details/106774011" target="_blank">
            <img src="https://csdnimg.cn/feed/20200616/d257f2546801653089b69d50a5393820.png"/>
        </a>
        <a href="https://blog.csdn.net/csdnsevenn/article/details/106774011" target="_blank">
        <p class="carousel-right-caption">
                <span>“晒”端午，“粽”好礼</span>
            </p>
        </a>
        <a href="https://blog.csdn.net/csdnsevenn/article/details/106774011" target="_blank" style="display:b
            <div class='cover'></div>
        </a>
    </div>
            <div class="carousel-right-u" data-report-click='{"mod":"popu_616","dest":"https://blog.csdn.
        <a href="https://blog.csdn.net/dQCFKyQDXYm3F8rB0/article/details/106934739" target="_blank">
            <img src="https://csdnimg.cn/feed/20200624/50ce8d7ce85b4c28be84b12a9b240b34.png"/>
        </a>
        <a href="https://blog.csdn.net/dQCFKyQDXYm3F8rB0/article/details/106934739" target="_blank">
        <p class="carousel-right-caption">
                <span>Git 看这一篇就够了</span>
            </p>
        </a>
        <a href="https://blog.csdn.net/dQCFKyQDXYm3F8rB0/article/details/106934739" target="_blank" style="di
            <div class='cover'></div>
        </a>
```

图 4-2　运行结果

4.2.3 SSL 证书验证

requests 提供了证书验证的功能，可以为 HTTPS 请求验证 SSL 证书，就像 Web 浏览器一样，SSL 验证是默认开启的，如果验证失败，requests 就会抛出 SSLError。当发送 HTTP 请求时，它会检查 SSL 证书，可以使用 verify 参数控制是否检查此证书。不加 verify 参数默认是 True，会自动验证。如果在请求时没有设置 SSL 会出现如下 SSLError 错误。

```
requests.exceptions.SSLError:("bad handshake:Error(['(SSL routines','tls_process_server_certificate','cretificate verify failed')],)",)
```

这里的 SSLError 错误表示证书验证错误，所以，如果请求一个 HTTPS 站点，但是证书验证错误的页面时，就会报这样的错误，前面说过 verify 参数的默认值是 True，那么把 verify 参数设置为 False 就可以避免这样的错误。代码如下：

```
# 导入 requests 库
import requests

response=requests.get('https://www.12306.cn', verify=False)
print(response.status_code)
```

运行结果如下：

```
C:\Users\Administrator\AppData\Local\Programs\Python\Python37\lib\site-packages\urllib3\connectionpool.py:847: InsecureRequestWarning: Unverified HTTPS request is being made. Adding certificate verification is strongly advised. See: https://urllib3.readthedocs.io/en/latest/advanced-usage.html#ssl-warnings
   InsecureRequestWarning)
C:\Users\Administrator\AppData\Local\Programs\Python\Python37\lib\site-packages\urllib3\connectionpool.py:847: InsecureRequestWarning: Unverified HTTPS request is being made. Adding certificate verification is strongly advised. See: https://urllib3.readthedocs.io/en/latest/advanced-usage.html#ssl-warnings
   InsecureRequestWarning)
200
```

上面打印出了请求成功的状态码，但是也出现了一条警告信息，建议给它指定证书。可以通过设置忽略警告的方式屏蔽警告：

```
# 导入 requests 库
import requests
from requests.packages import urllib3

urllib3.disable_warnings()
response=requests.get('https://www.12306.cn', verify=False)
print(response.status_code)
```

这里也可以指定一个本地证书用作客户端证书，可以是单个文件（包含密钥和证书）或者一个包含两个文件路径的元祖：

```
# 导入 requests 库
import requests

response=requests.get('https://www.12306.cn', cert=('path/to/certfile', 'path/key'))
print(response.status_code)
```

代码中的 crt 和 key 文件必须是真实存在的，路径根据实际情况修改。另外，本地私有证书的 key 必须是解密状态，加密状态的 key 是不支持的。

4.2.4 会话保持

会话对象让用户能够跨请求保持某些参数。它也会在同一个 Session 实例发出所有请求之间保持 cookie，期间使用了 urllib3 的 connection.pooling 功能。所以，如果向同一个主机发送多个请求，底层的 TCP 连接将会被重用，从而带来显著的性能提升。

使用 Session 对象可以方便地维护一个会话，而且不用担心 Cookies 的问题，它会帮用户自动处理好。代码如下：

```
# 导入requests库
import requests

response=requ ests.get('http://httpbin.org/cookies/set/sessioncookie/123456789')
response1=requests.get('http://httpbin.org/cookies')
print(response1.text)
```

这里请求了一个测试网址 http://httpbin.org/cookies/set/sessioncookie/123456789。请求这个网址时，可以设置一个 cookie，名称为 sessioncookie，内容是 123456789，随后又请求了 http://httpbin.org/cookies，这个网址可以获取当前的 Cookies。显然，这样是无法获取到设置的 Cookies 的，如下所示：

```
{
  "cookies": {}
}
```

那么，使用 Session 对象可以获取到吗？代码如下：

```
# 导入requests库
import requests

session=requests.session()
session.get('http://httpbin.org/cookies/set/sessioncookie/123456789')
response=session.get('http://httpbin.org/cookies')
print(response.text)
```

运行结果如下：

```
{
   "cookies":{
      "sessioncookie": "123456789"
   }
}
```

这里成功获取到了 Cookies。其实 Session 对象解决的主要就是维持同一个会话的问题，在使用 post() 方法登录某个网站后想要获取请求个人信息页面，以前的方式是再用一次 get() 方法。但是这相当于打开了两个浏览器，两个不相关的会话是无法获取个人信息的。

使用 Session 对象就相当于打开了一个新的浏览器选项卡而不是新开一个浏览器，并且不用每次都设置 cookies。

第5章

数据解析技术

在第4章中，将网页上的内容爬取下来，但是只有部分数据是我们所需要的，如何从爬取的数据中提取想要的信息？

在 Python 中提供了很多解析库来完成这样的操作，本章将介绍 lxml、XPath、pyquery 这三个解析库的用法。

5.1 网页数据和结构

5.1.1 网页数据格式

对于服务器端来说，它返回给客户端的数据格式可分为非结构化和结构化两种。那么，什么是非结构化数据？什么是结构化数据？

非结构化数据包括所有格式的办公文档、文本、图片、XML、HTML、各类报表、图像和音频 / 视频信息等。

结构化数据是数据的数据库（即行数据，存储在数据库里，可以用二维表结构来逻辑表达实现的数据）。

5.1.2 网页结构

网页结构即网页内容的布局。创建网页结构实际上就是对网页内容的布局进行规划，网页结构的创建是页面优化的重要环节之一，会直接影响页面的用户体验及相关性，而且还在一定程度上影响网站的整体结构及页面被收录的数量。

例如，使用 Google Chrome 浏览器打开百度首页，右击“新闻”选项，选择“检查”命令，浏览器底部打开一个窗口，并显示选中元素周围的 HTML 层次结构，如图 5-1 所示。

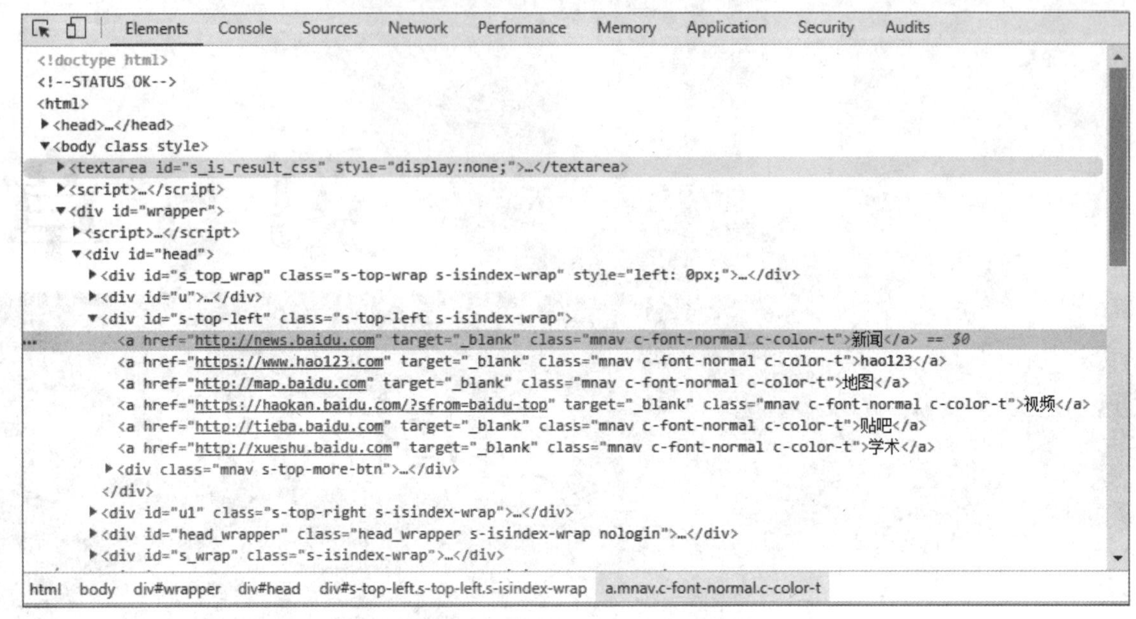

图 5-1　百度首页的 HTML 层次结构（部分）

图 5-1 中选中的带有底色的行就是刚刚选择的”新闻”选项。从图 5-1 中可以清楚地看到，选中的标签＜ a ＞位于 id 属性值为 s-top-left 的标签＜ div ＞中，并且与其他标签＜ a ＞属于并列关系，只是每个标签内部的属性值不同而已。例如，要提取单击“新闻”后跳转的网页，可以获取 href 属性的值。

5.2 lxml

5.2.1　安装 lxml

lxml 是 Python 的一个解析库，支持 HTML 和 XML 的解析，支持 XPath 解析方式，而且解析效率非常高。lxml 解析网页数据快，但安装过程却相对困难。本节主要讲解 lxml 库的安装过程。

1. Windows 下的安装

在 Windows 下，可以先尝试使用 pip 安装，命令如下：

```
pip install lxml
```

如果没有出现报错信息，表示安装成功。

如果有报错，比如提示缺少 libxml2 库等信息，可以采用 wheel 方式安装。

可以到 https://www.lfd.uci.edu/~gohlke/pythonlibs/#lxml 中下载对应的 wheel 文件，找到和本地安装的 Python 版本和系统对应的 lxml 版本，例如 Windows 64 位、Python 3.6，就选择 lxml-4.5.1-cp37-cp37m-win_amd64.whl，将其下载到本地。

然后利用 pip 命令安装即可，命令如下：

```
pip3 install lxml-4.5.1-cp37-cp37m-win_amd64.whl
```

2. Linux 下的安装

在 Linux 平台下安装 lxml 比较简单，在终端输入：

```
pip install lxml
```

如果出现错误，可以尝试下面的解决方案。

（1）CentOS、Red Hat。对于这两种系统，报错主要是因为缺少必要的库。执行如下命令安装所需的库即可：

```
sudo yum groupinstall -y development tools
sudo yum install -y epel-release libxslt-devel libxml2-devel openssl-devel
```

主要是 libxslt-devel 和 libxml2-devel 这两个 lxml 依赖的库。安装完成后，重行使用 pip 命令安装即可。

（2）Ubuntu、Debian 和 Deepin。在这些系统中，报错的原因也可能是因为缺少了必要的内库，执行如下命令安装所需的库即可：

```
suod apt-get install -y python3-dev build-essential libssl-dev libffi-dev
libxml2 libxml2-dev libxslt1-dev zlib1g-dev
```

安装完成后，重新使用 pip 命令安装即可。

3. Mac 下的安装

在 Mac 系统下安装 lxml 之前需要安装 Command Line Tools，在终端输入：

```
xcode-select --install
```

如果安装成功，会提示 Successful 的字样，如果安装失败，还可以使用 brew 或者下载 dmg 的方式进行安装，具体方法这里不做详细介绍。

然后就可以安装 lxml 库，在终端输入：

```
pip3 install lxml
```

这样就完成了 Mac 系统下 lxml 库的安装。

4. 验证安装

安装完成后，可以在 Python 命令行下进行测试，命令如下：

```
$ python3
>>> import lxml
```

如果没有报错，表示 lxml 安装成功。

5.2.2 lxml 库的使用

1. 修正 HTML 代码

lxml 为 XML 解析库，但也很好地支持了 HTML 文档的解析功能，这为使用 lxml 库爬取网络信息提供了支持条件，如图 5-2 所示。

» lxml takes all the pain out of XML. «
Stephan Richter
lxml - XML and HTML with Python
lxml is the most feature-rich and easy-to-use library for processing XML and HTML in the Python language.
» Introduction
The lxml XML toolkit is a Pythonic binding for the C libraries libxml2 and libxslt. It is unique in that it combines the speed and XML feature completeness of these libraries with the simplicity of a native Python API, mostly compatible but superior to the well-known ElementTree API. The latest release works with all CPython versions from 2.4 to 3.4. See the introduction for more information about background and goals of the lxml project. Some common questions are answered in the FAQ.
» Support the project
lxml has been downloaded from the Python Package Index more than two million times and is also available directly in many package distributions, e.g. for Linux or MacOS-X.

图 5-2　lxml 官方文档

这样就可以通过 lxml 库来解析 HTML 文档，代码如下：

```
from lxml import etree
text='''
<div>
   <ul>
      <li class="red"><h1>red flowers</h1></li>
      <li class="yellow"><h2>yellow flowers item</h2></li>
      <li class="white"><h3>white flowers</h3></li>
      <li class="black"><h4>black flowers</h4></li>
      <li class="blue"><h5>blue flowers</h5></li>
   </ul>
</div>
'''
html=etree.HTML(text)
#lxml 解析数据，为 Element 对象
print(html)
```

运行结果如下：

```
<Element html at 0x9f574c8>
```

在上面的代码中，首先导入 lxml 中的 etree 库，然后利用 etree.HTML 进行初始化，最后把结果打印出来。从结果可以看出，etree 把 HTML 文档解析为 Element 对象，可以通过如下代码输出解析过的 HTML 文档。

```
from lxml import etree
text='''
<div>
   <ul>
      <li class="red"><h1>red flowers</h1></li>
      <li class="yellow"><h2>yellow flowers item</h2></li>
      <li class="white"><h3>white flowers</h3></li>
      <li class="black"><h4>black flowers</h4></li>
      <li class="blue"><h5>blue flowers</h5>
   </ul>
```

```
</div>
'''
html=etree.HTML(text)
result=etree.tostring(html)
#lxml 库解析可自动修正 HTML
print(result)
```

运行结果如下：

```
b'
<html>
    <body>
        <div>\n\t
            <ul>\n\t\t
                <li class="red">
                    <h1>red flowers</h1></li>\n\t\t
                <li class="yellow">
                    <h2>yellow flowers item</h2></li>\n\t\t
                <li class="white">
                    <h3>white flowers</h3></li>\n\t\t
                <li class="black">
                    <h4>black flowers</h4></li>\n\t\t
                <li class="blue">
                    <h5>blue flowers</h5>\n\t</li>
            </ul>\n</div>\n</body>

</html>'
```

这里体现了 lxml 库一个非常实用的功能就是自动修正 HTML 代码，在代码中看到最后一个 li 标签是没有结束标签的。不过，lxml 因为继承了 libxml2 的特性，具有自动修正 HTML 代码的功能，这里不仅补齐了 li 标签，而且还添加了 html 和 body 标签。

2. 读取 HTML 文件

处理直接读取字符串，lxml 库还支持从文件中提取内容。用户可以通过 PyCharm 新建一个名为 flower.html 的文件，如图 5-3 所示。

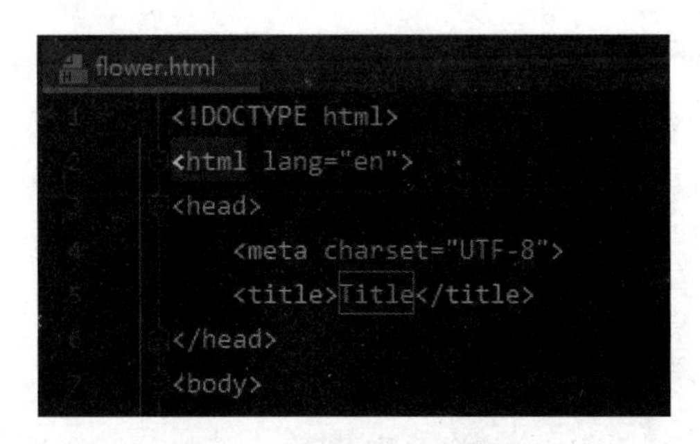

图 5-3　HTML 文件格式

从图 5-3 中可以看到，新建的 HTML 文件已经自动生成了 html、head 和 body 标签。将在代码中定义的字符串复制到 HTML 文档的 <body></body> 标签中，如图 5-4 所示。

```
<!DOCTYPE html>
<html lang="en">
<head>
    <meta charset="UTF-8">
    <title>Title</title>
</head>
<body>
<div>
    <ul>
        <li class="red"><h1>red flowers</h1></li>
        <li class="yellow"><h2>yellow flowers item</h2></li>
        <li class="white"><h3>white flowers</h3></li>
        <li class="black"><h4>black flowers</h4></li>
        <li class="blue"><h5>blue flowers</h5></li>
    </ul>
</div>
</body>
</html>
```

图 5-4　将字符串复制到 HTML 文件

准备工作完成后就可以通过 lxml 库读取 HTML 文件中的内容，代码如下：

```
from lxml import etree

html=etree.parse('flower.html')
result=etree.tostring(html, pretty_print=True)
print(result)
```

HTML 文件与代码文件在同一层时，用相对路径就可以进行读取；如果不在同一层，使用绝对路径。

3. 解析 HTML 文件

下面使用 requests 库获取 HTML 文件，用 lxml 库来解析 HTML 文件，代码如下：

```
from lxml import etree
import requests

headers={
    'User-Agent':'Mozilla/5.0 (Windows NT 6.1; Win64; x64)'
                 'AppleWebKit/537.36 (KHTML, like Gecko)'
                 'Chrome/76.0.3809.132 Safari/537.36'
}
response=requests.get('http://www.whwzzc.com', headers=headers)
html=etree.HTML(response.text)
re=etree.tostring(html)
print(re)
```

运行结果如图 5-5 所示。

```
<html data-n-head-ssr="">\n

    <head>\n
        <title>&#20113;&#35745;&#31639;&#23454;&#35757;&#23460;_&#22823;&#25968;&#25454;&#23454;&#3575
        <meta data-n-head="ssr" charset="utf-8" />
        <meta data-n-head="ssr" name="viewport" content="width=device-width, initial-scale=1" />
        <meta data-n-head="ssr" name="baidu-site-verification" content="wixKoS3QLr" />
        <meta data-n-head="ssr" name="keywords" content="&#32508;&#21512;&#24067;&#32447;&#23454;&#3575
        <meta data-n-head="ssr" name="description" content="&#21807;&#20247;&#29260;&#32593;&#32476;&#
        <link data-n-head="ssr" rel="icon" type="image/x-icon" href="/logo.png" />
        <link rel="preload" href="/_nuxt/7bebb8f116bf9ccb785d.js" as="script" />
        <link rel="preload" href="/_nuxt/31acd7dbf70671e0a71c.js" as="script" />
        <link rel="preload" href="/_nuxt/76d0c366f203943a0839.css" as="style" />
        <link rel="preload" href="/_nuxt/1c5af53ffc5e166c0cd2.js" as="script" />
        <link rel="preload" href="/_nuxt/c938e9eedd3b8b63999f.css" as="style" />
        <link rel="preload" href="/_nuxt/c49f82610cc1ed993e3a.js" as="script" />
        <link rel="stylesheet" href="/_nuxt/76d0c366f203943a0839.css" />
        <link rel="stylesheet" href="/_nuxt/c938e9eedd3b8b63999f.css" />\n </head>\n

    <body>\n
        <div data-server-rendered="true" id="__nuxt">
            <!---->
            <div id="__layout">
                <div>
                    <div class="main-container" data-v-4785c647="">
                        <div style="position: fixed;left: 0;top: 0;width: 100%;z-index: 999" data-v-478
                            <div class="header-container" data-v-03eaadd4="" data-v-4785c647="">
                                <div class="base-info" data-v-03eaadd4=""><img src="/_nuxt/img/4b50e96.
                                    <ul class="menu-group" data-v-03eaadd4="">
                                        <li data-v-03eaadd4="">&#39318;&#39029;</li>
                                        <li data-v-03eaadd4="">&#20135;&#21697;</li>
                                        <li data-v-03eaadd4="">&#35299;&#20915;&#26041;&#26696;</li>
                                        <li data-v-03eaadd4="">&#20135;&#25945;&#34701;&#21512;</li>
                                        <li data-v-03eaadd4="">&#21512;&#20316;&#20249;&#20276;</li>
                                        <li data-v-03eaadd4="">&#20851;&#20110;&#21807;&#20247;</li>
```

图 5-5　解析网页数据

5.3　XPath

XPath 全称 XML Path Language，即 XML 路径语言，是一门在 XML 文档中查找信息的语言。XPath 用于在 XML 文档中通过元素和属性进行导航。

所以在做爬虫时，完全可以使用 XPath 来做相应的信息抽取。

5.3.1　节点关系

1. 父节点

每个元素及属性都有一个父节点，例如：

```
<user>
   <name>da bai</name>
   <sex>male</sex>
   <id>1</id>
   <score>100</score>
</user>
```

在上面的例子中，user 元素是 name、sex、id 及 score 元素的父节点：

2. 子节点

元素节点可以有 0 个、一个或多个子节点，例如：

```
<user>
   <name>da bai</name>
   <sex>male</sex>
   <id>1</id>
   <score>100</score>
</user>
```

在上面的例子中，name、sex、id 及 score 元素都是 user 元素的子节点。

3. 同胞节点

同胞节点拥有相同的父节点，例如：

```
<user>
   <name>da bai</name>
   <sex>male</sex>
   <id>1</id>
   <score>100</score>
</user>
```

在上面的例子中，name、sex、id 及 score 元素都是同胞节点。

4. 先辈节点

先辈节点指的是某节点的父节点、父节点的父节点等，例如：

```
<class>
<user>
   <name>da bai</name>
   <sex>male</sex>
   <id>1</id>
   <score>100</score>
</user>
</class>
```

在上面的例子中，name 的先辈是 user 元素和 class 元素。

5. 后代节点

后代节点指的是某个节点的子节点，子节点的子节点等。例如：

```
<class>
<user>
   <name>da bai</name>
   <sex>male</sex>
   <id>1</id>
   <score>100</score>
</user>
</class>
```

在上面的例子中，class 的后代是 user、name、sex、id 以及 score 元素。

5.3.2 XPath 语法

在 Python 中，XPath 使用路径表达式在文档中进行导航。这个表达式是从某个节点开始，之后顺着文档树结构的节点进一步查找。由于查询路径的多样性，可以将 XPath 的语法按照如下情况进行划分：

1. 选取节点

XPath 使用路径表达式来选取 XML 文档中的节点或节点集。节点是通过沿着路径（Path）或者步（Steps）来选取的。表 5-1 所示为 XPath 中用于选取节点的表达式。

表 5-1　选取节点的表达式

表 达 式	说　明
nodename	选取此节点的所有子节点
/	从根节点选取
//	从匹配选择的当前节点选取文档中的节点，而不用考虑它们的位置
.	选取当前节点
..	选取当前节点的父节点
@	选取属性

在下面的表格中，已列出了一些路径表达式以及表达式的结果，如表 5-2 所示。

表 5-2　节点选择实例

路径表达式	结　果
bookstroe	选取 bookstroe 元素的所有子节点
/bookstroe	选取根元素 bookstroe。注释：加入路径起始于正斜杠（/），则此路径始终代表到某元素的绝对路径
bookstroe/book	选取属于 bookstroe 的子元素的所有 book 元素
//book	选取所有 book 子元素，而不管它们在文档中的位置
bookstroe//book	选择属于 bookstroe 元素的后代的所有 book 元素，而不管它们位于 bookstroe 之下的什么位置
//@lang	选取名为 lang 的所有属性

2. 谓语

XPath 语法中的谓语用来查找某个特定的节点或者包含某个指定值的节点，谓语被嵌在方括号中。具体格式如下：

```
元素 [ 表达式 ]
```

下面列举一些常用的带有谓语的路径表达式，以及对这些表达式功能的说明，具体如表 5-3 所示。

表 5-3　使用谓语的表达式

路径表达式	结　果
/bookstore/book[1]	选取属于 bookstore 子元素的第一个 book 元素
/bookstore/book[last()]	选取属于 bookstore 子元素的最后一个 book 元素
/bookstore/book[last()-1]	选取属于 bookstore 子元素的倒数第二个 book 元素

续表

路径表达式	结　果
/bookstore/book[position()<3]	选取最前面的两个属于 bookstore 元素的子元素的 book 元素
//title[@lang]	选取所有的 title 元素，且这些元素拥有名称为 lang 的属性
//title[@lang='eng']	选取所有 title 元素，且这些元素拥有值为 eng 的 lang 属性
/bookstore/book[price>35.00]	选取 bookstore 元素的所有 book 元素，且其中的 price 元素的值须大于 35.00
/bookstore/book[price>35.00]//title	选取 bookstore 元素中 book 元素的所有 title 元素，且其中的 price 元素的值须大于 35.00

3. 选取未知节点

XPath 中也可以使用通配符来选取位置的元素，常用的就是“*”通配符，它可以匹配任何元素节点。表 5-4 所示为带有通配符的表达式。

表 5-4　带有通配符的表达式

通　配　符	描　述
*	匹配任何元素节点
@*	匹配任何属性节点
node()	匹配任何类型的节点

在表 5-5 中列出了一些路径表达式，以及这些表达式的结果。

表 5-5　路径表达式及结果

路径表达式	结　果
/bookstore/*	选取 bookstore 元素的所有子元素
//*	选取文档中的所有元素
//title[@*]	选取所有带有属性的 title 元素

4. 选取若干路径

在路径表达式中使用“|”运算符，可以选取若干个路径。以下是一些在路径表达式中使用“|”运算符的示例：

在路径表达式中可以使用“|”运算符，以选取若干个路径。以下是一些在路径表达式中使用“|”运算符的示例：

（1）选取 book 元素中包含的所有 title 和 price 子元素，表达式如下：

```
//book/title | //book/price
```

（2）选取文档中的所有 title 和 price 元素，表达式如下：

```
//title | //price
```

（3）选取位于 /bookstore/book/ 路径下的所有 title 元素，以及文档中所有的 price 元素，表达式如下：

```
/bookstore/book/title | //price
```

5.3.3　节点轴

XPath 提供了很多节点轴选择方法，包括获取子元素、兄弟元素、父元素、祖先元素等，例如：

```
from lxml import etree

text='''
<div>
   <ul>
      <li class="item-0">
         <a href="link1.html"><span>first item</span></a>
      </li>
      <li class="item-1">
         <a href="link2.html">second item</a>
      </li>
      <li class="item-inactive">
         <a href="link3.html">third item</a>
      </li>
      <li class="item-1">
         <a href="link4.html">fourth item</a>
      </li>
      <li class="item-0">
         <a href="link5.html">fifth item</a>
      </li>
   </ul>
</div>
'''
html=etree.HTML(text)
result=html.xpath('//li[1]/ancestor::*')
print(result)
result=html.xpath('//li[1]/ancestor::div')
print(result)
result=html.xpath('//li[1]/ancestor::div')
print(result)
result=html.xpath('//li[1]/child::a[@href="link1.html"]')
print(result)
result=html.xpath('//li[1]/descendant::span')
print(result)
result=html.xpath('//li[1]/following::*[2]')
print(result)
result=html.xpath('//li[1]/following-sibling::*')
print(result)
```

运行结果如下：

```
[<Element html at 0x9f672c8>, <Element body at 0x9f67248>, <Element div at 0x9f671c8>, <Element ul at 0x9f67308>]
[<Element div at 0x9f671c8>]
[<Element div at 0x9f671c8>]
[<Element a at 0x9f67248>]
```

```
[<Element span at 0x9f67308>]
[<Element a at 0x9f67248>]
[<Element li at 0x9f671c8>, <Element li at 0x9f67348>, <Element li at 0x9f67388>, <Element li at 0x9f673c8>]
```

第一次选择时，调用了 ancestor 轴，可以获取所有祖先节点。其后需要跟两个冒号，然后是节点的选择器，这里直接使用“*”，表示匹配所有节点，因此返回结果是第一个 li 节点的所有祖先节点，包括 html、body、div 和 ul。

第二次选择时，在冒号后加了限定条件 div，这样得到的结果就只有 div 这个祖先节点。

第三次选择时，调用了 attribute 轴，可以获取所有属性值，其后跟的选择器还是 *，这代表获取节点的所有属性，返回值就是 li 节点的所有属性值。

第四次选择时。调用了 child 轴，可以直接获取所有的直接点。这里加了限定条件，选取 href 属性为 link1.html 的 a 节点。

第五次选择时，调用了 descendant 轴，可以获取所有子孙节点。这里加入了获取 span 节点的限定条件，所以返回的结果只包含 span 节点而不包含 a 节点。

第六次选择时，调用了 following 轴，可以获取当前节点之后的所有节点。这里使用的是“*”匹配，但又加了索引选择，所以只获取了第二个后续节点。

第七次选择时，调用了 following-sibling 轴，可以获取当前节点之后的所有同级节点。这里使用的是“*”匹配，所以获取了所有后续同级节点。

5.4 pyquery

5.4.1 pyquery 安装

1. pip 安装

pyquery 的安装比较简单，直接执行命令即可。命令如下：

```
pip install pyquery
```

命令执行完之后就完成了安装。

2. whell 安装

除了 pip 安装方式外，也可以到 PyPI（https://pypi.python.org/pypi/pyquery/#downloads）下载对应的 wheel 文件进行安装。图 5-6 所示为 wheel 下载页面。

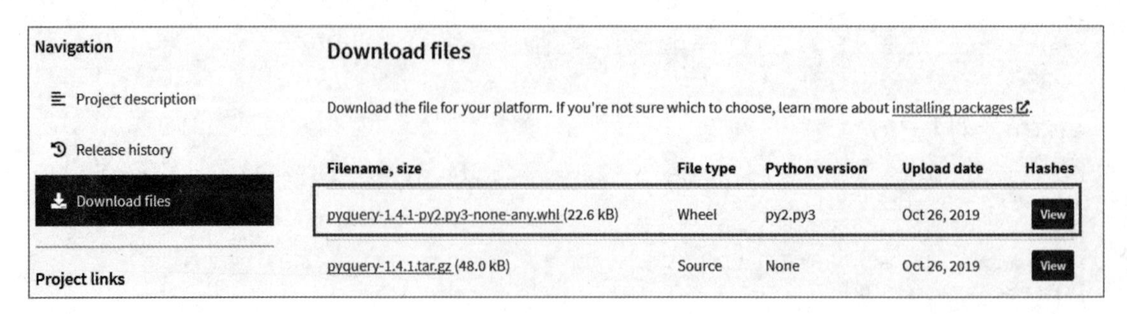

图 5-6 wheel 下载页面

当前较新版本为 1.4.1，将文件下载到本地后再使用 pip 命令安装即可，命令如下：

```
pip3 install pyquery-1.4.1-py2.py3-none-any.whl
```

3. 验证

安装完成后可以在 Python 命令行下进行测试：

```
$ python3
>>> import pyquery
```

如果没有出现错误信息，则表示安装成功。

5.4.2 使用 pyquery

Pyquery 是一个类似于 jQuery 的解析网页工具，使用 lxml 操作 XML 和 HTML 文档，它的语法和 jQuery 很像。同 XPath、Beautiful Soup 比起来，Pyquery 更加灵活，提供增加节点的 class 信息、移除某个节点、提取文本信息等功能。

1. 初始化

HTML 文档的所有操作都需要 Pyquery 对象来完成，所以初始化 pyquery 时，也需要传入一个 HTML 文本来初始化一个 pyquery 对象。初始化 Pyquery 对象主要有三种方式，分别是通过网址（URL）、字符串和文件名创建。

（1）字符串初始化。先看一段代码：

```
from pyquery import PyQuery as pq

s='''
<html>
    <head>
        <meta charset="UTF-8">
        <title>pyquery 初始化 </title>
    </head>
    <body>
    </body>
</html>
'''
doc=pq(s)
print(doc('title'))
```

运行结果如下：

```
<title>pyquery 初始化 </title>
```

首先要引入 Pyquery 类取别名为 pq，然后将声明的 HTML 字符串传递给 Pyquery 类，这样就生成了一个 Pyquery 对象，通过该对象就可以访问字符串中的 title 节点。

除此之外，Pyquery 还会将残缺的 HTML 文档补全。代码如下：

```
from pyquery import PyQuery as pq

s='''
<html>
    <head>
        <meta charset="UTF-8">
        <title>pyquery 初始化 </title>
```

```
    </head>
    <body>
'''
doc=pq(s)
print(doc('html'))
```

运行结果如下：

```
<html>
    <head>
        <meta charset="UTF-8"/>
        <title>pyquery 初始化 </title>
    </head>
    <body>
</body></html>
```

在上面的代码中，字符串的 html 与 body 节点是没有闭合的。初始化 Pyquery 对象之后，会把 HTML 文档补全，并且自动加上 body 节点。

（2）URL 初始化：初始化的参数不仅可以字符串的形式传递，还可以传入网页的 URL，将要解析的 URL 网址当作参数传递给 Pyquery 类即可。代码如下：

```
from pyquery import PyQuery as pq

url='https://damo.alibaba.com/'
headers={
    'Accept-Language':'zh-CN,zh;q=0.9'
}
doc=pq(url=url, encoding='utf-8', headers=headers)
print(doc('title'))
```

运行结果如下：

```
<title> 首页 - 达摩院 </title>
```

Pyquery 对象首先会先请求这个 URL，然后用得到的 HTML 内容完成初始化，这其实就相当于用网页的源代码以字符串的形式传递给 Pyquery 类来初始化。

（3）文件初始化：除了上面两种方法外，还可以传递本地文件名，只需要将参数指定为 filename 即可。代码如下：

```
from pyquery import PyQuery as pq

doc=pq(filename='test.html', encoding='utf-8')
print(doc('title'))
```

在代码中传入了一个本地 HTML 文件 test.html，内容是待解析的 HTML 字符串。这样它会首先读取本文件内容，然后将文件内容以字符串的形式传递给 Pyquery 来初始化。

2. 访问节点属性

提取到某个 Pyquery 类型的节点后，就可以调用 attr() 方法来获取节点属性。代码如下：

```
from pyquery import PyQuery as pq

li=pq('<li id="test1" class="test1"></li><li id="test2" class="test2"></li>')
('li')
print(li.attr("id"))
```

运行结果如下：

```
test1
```

上面的代码中有两个 id 不同的 li 节点，但是 attr() 方法只取第一个 li 节点的 id 属性值，而不取第二个。把上面的代码修改一下，把第一个 li 节点的 id 属性去掉，看 attr () 方法是否只取第一个复合条件节点的属性值，代码如下：

```
from pyquery import PyQuery as pq

li=pq('<li class="test1"></li><li id="test2" class="test2"></li>')('li')
print(li.attr("id"))
```

运行结果如下：

```
None
```

如果要取多个 li 节点的属性值，可以结合 items() 方法来实现。items() 方法是返回的节点的生成器，代码如下：

```
from pyquery import PyQuery as pq

li=pq('<li id="test1" class="test1"></li><li id="test2" class="test2"></li>')
('li')
print(li.items())
for item in li.items():
    print(item.attr("id"))
```

运行结果如下：

```
<generator object PyQuery.items at 0x000000000AFC5318>
test1
test2
```

3. 动态添加节点属性

Pyquery 有很多方法动态添加节点的属性，这里介绍几个比较常用的方法。

（1）addClass()：动态添加节点 class 属性。代码如下：

```
from pyquery import PyQuery as pq

html='<li id="test1"></li>'
li=pq(html)('li')
li.addClass("addClass")
print(li)
```

运行结果如下：

```
<li id="test1" class="addClass"/>
```

可以看到 li 节点增加了 class 属性，值为 addClass。

addClass() 方法只能动态添加节点 class 属性的值，如果想要动态添加其他属性，可以使用前面介绍过的 attr() 方法实现。代码如下：

```
from pyquery import PyQuery as pq

html='<li id="test1" class="test1"></li>'
```

```
li=pq(html)('li')
li.attr("name", "li name")
print(li)
li.attr("type", "li")
print(li)
print(li.attr("type"))
```

运行结果如下：

```
<li id="test1" class="test1" name="li name"/>
<li id="test1" class="test1" name="li name" type="li"/>
li
```

上面的代码一共执行了三次 attr() 方法，执行第一次 attr() 方法时，有两个参数，分别是 name 和 li name。这是给 li 节点添加 name 属性及属性值。执行第二次 attr() 方法也有两个参数，分别是 type 和 li，这是给 li 几点添加 type 属性及 type 属性值。执行第三次方法 attr() 方法只有一个 type 参数，根据前面介绍的 attr() 方法的用法可知，是获取 li 节点 type 属性的值。

attr() 方法只有一个参数时，是获取节点的属性值；有两个参数时，是给节点添加属性及属性值，第一个参数是属性，第二个参数是属性值。

（2）removeClass()：动态移除节点的 class 属性。代码如下：

```
from pyquery import PyQuery as pq

html='<li id="test1" class="test1"></li>'
li=pq(html)('li')
li.removeClass("test1")
print(li)
```

运行结果如下：

```
<li id="test1" class=""/>
```

可以看到 li 节点的 test1 这个 class 被移除了，class 节点的属性值由 test1 变为 ""。

所以，addClass() 和 removeClass() 方法可以动态改变节点的 class 属性。

4. 动态添加 / 修改文本值

除了操作 calss 这个属性外，还可以用 text() 和 html() 方法来改变节点内部的内容。代码如下：

```
from pyquery import PyQuery as pq

html='<li id="test1" class="test1"></li>'
li=pq(html)('li')
li.html("use html() dynamic add text")
print(li)
li.text("use text() dynamic add text")
print(li)
```

在上面的代码中，首先调用 html() 方法传入 HTML 文本，接着再调用 text() 方法修改 li 节点内部的文本。

运行结果如下：

```
<li id="test1" class="test1">use html() dynamic add text</li>
<li id="test1" class="test1">use text() dynamic add text</li>
```

text() 和 html() 方法如果不传参数，将获取节点内纯文本和 HTML 文本；如果传入参数，则进行赋值。代码如下：

```
from pyquery import PyQuery as pq

html='<li id="test_id">li text value</li>'
li=pq(html)('li')
print(li.text())
print(li.html())
```

运行结果如下：

```
li text value
li text value
```

5. 移除节点

remove() 方法可以动态移除节点，它有时会为信息的提取带来非常大的便利。首先看一段 HTML 代码：

```
html='''
<ul>
hello I am ul tag
<li>hello I am li tag</li>
</ul>
'''
```

现在想要提取 hello I am ul tag 这个字符串，而不要 li 标签内部的字符串，有哪些方法呢？首先尝试获取 text() 方法来获取 ul 节点的内容。代码如下：

```
from pyquery import PyQuery as pq

html='''
<ul>
hello I am ul tag
<li>hello I am li tag</li>
</ul>
'''
ul=pq(html)('ul')
print(ul.text())
```

运行结果如下：

```
hello I am ul tag
hello I am li tag
```

可以看到，这个结果除了有 ul 节点的内容外还包含了 li 节点中的内容，也就是说 text() 方法把所有的纯文本都提取出来了。比较麻烦的方法是把 li 节点内的文本提取出来，然后从整个结果中移除，更简单的方法是使用 remove()。代码如下：

```
from pyquery import PyQuery as pq

html='''
<ul>
hello I am ul tag
<li>hello I am li tag</li>
```

```
</ul>
'''
ul=pq(html)('ul')
print('执行 remove() 移除节点')
ul.find('li').remove()
print(ul.text())
```

运行结果如下：

```
执行 remove() 移除节点
hello I am ul tag
```

在上面的代码中，首先选中 li 节点，然后调用 remove() 方法将其移除，此时 ul 内部只剩下 hello I am ul tag 了，然后再使用 text() 方法提取即可。

6. 查找节点

Pyquery 支持使用 CSS 的选择器来查找节点。代码如下：

```
from pyquery import PyQuery as pq

html='''
<div class="div_tag">
<ul id="ul_tag">
hello I am ul tag
<li>hello I am li tag</li>
<li>hello I am li tag too</li>
</ul>
</div>
'''
doc=pq(html)
print(doc('.div_tag #ul_tag li'))
```

运行结果如下：

```
<li>hello I am li tag</li>
<li>hello I am li tag too</li>
```

上述代码是通过 .div_tag 获取 class 为 div_tag 的节点，然后通过 #ul_tag 获取 id 为 ul_tag 的节点，最后返回所有的 li 节点。

此外，还可以使用 find() 方法来查找节点。代码如下：

```
from pyquery import PyQuery as pq

html='''
<div class="div_tag">
<ul id="ul_tag">
hello I am ul tag
<li>hello I am li tag<a>https://damo.alibaba.com/</li>
<li>hello I am li tag too</li>
</ul>
</div>
'''
doc=pq(html)
print(doc('#ul_tag').find("li"))
```

运行结果如下：

```
<li>hello I am li tag<a>https://damo.alibaba.com/</a></li>
<li>hello I am li tag too</li>
```

在上面的代码中，首先选取 class 为 ul_tag 的节点，然后调用 find() 方法，传入 CSS 选择器，选取其内部的 li 节点，最后打印输出。可以看到，find() 方法将所有符合条件的节点都选取出来了。

（1）查找子节点

如果只需要查找当前节点的子节点，可以使用 children() 方法。children() 方法用于获取当前节点的所有子节点，该方法可以传入 CSS 选择器。代码如下：

```
from pyquery import PyQuery as pq

html='''
<div class="div_tag">
<ul id="ul_tag">
hello I am ul tag
<li id="li_tag">hello I am li tag<a>https://damo.alibaba.com/</li>
<li>hello I am li tag too</li>
</ul>
</div>
'''
doc=pq(html)
print(doc('#li_tag').children())
```

运行结果如下：

```
<a>https://damo.alibaba.com/</a>
```

如果要筛选出子节点中符合要求的节点，可以向 children() 方法传入 CSS 选择器。

（2）查找父节点

父节点查找可以使用 parent() 方法。parent() 方法的作用是获取当前节点的父节点。代码如下：

```
from pyquery import PyQuery as pq

html='''
<div class="div_tag">
<ul id="ul_tag">
hello I am ul tag
<li>hello I am li tag<a>https://damo.alibaba.com/</li>
<li>hello I am li tag too</li>
</ul>
</div>
'''
doc=pq(html)
print(doc('#ul_tag').parent())
```

运行结果如下：

```
<div class="div_tag">
<ul id="ul_tag">
hello I am ul tag
<li>hello I am li tag<a>https://damo.alibaba.com/</a></li>
<li>hello I am li tag too</li>
</ul>
</div>
```

上述代码首先通过 #ul_tag 选取 id 为 ul_tag 的节点，然后调用 parent() 方法获取 ul 节点的父节点 div。

这里的父节点是该节点的直接父节点，并不会去查找父节点的父节点（祖先节点）。要实现这样的操作，可以用 parents() 方法。代码如下：

```
from pyquery import PyQuery as pq

html='''
<div class="div_tag">
<div id="tag">
<ul id="ul_tag">
hello I am ul tag
<li>hello I am li tag<a>https://damo.alibaba.com/</li>
<li>hello I am li tag too</li>
</ul>
</div>
</div>
'''
doc=pq(html)
print(doc('#ul_tag').parents())
```

运行结果如下：

```
<div class="div_tag">
<div id="tag">
<ul id="ul_tag">
hello I am ul tag
<li>hello I am li tag<a>https://damo.alibaba.com/</a></li>
<li>hello I am li tag too</li>
</ul>
</div>
</div>
<div id="tag">
<ul id="ul_tag">
hello I am ul tag
<li>hello I am li tag<a>https://damo.alibaba.com/</a></li>
<li>hello I am li tag too</li>
</ul>
</div>
```

从结果可以看出一个是 class 为 div_tag 的节点，一个是 id 为 tag 的节点。也就是说，parents() 方法会返回所有的祖先节点。

同样，parents() 方法也可以传入参数，用来筛选符合要求的祖先节点。代码如下：

```
from pyquery import PyQuery as pq

html='''
<div class="div_tag">
<div id="tag">
<ul id="ul_tag">
hello I am ul tag
<li>hello I am li tag<a>https://damo.alibaba.com/</li>
<li>hello I am li tag too</li>
```

```
</ul>
</div>
</div>
'''
doc=pq(html)
print(doc('#ul_tag').parents('#tag'))
```

运行结果如下：

```
<div id="tag">
<ul id="ul_tag">
hello I am ul tag
<li>hello I am li tag<a>https://damo.alibaba.com/</a></li>
<li>hello I am li tag too</li>
</ul>
</div>
```

可以看到筛选是成功的，只保留了 id 为 class 的节点。

（3）查找兄弟节点

前面介绍了子节点和父节点的用法，还有一种节点叫兄弟节点。如果要获取兄弟节点，可以使用 siblings() 方法。代码如下：

```
from pyquery import PyQuery as pq

html='''
<div class="div_tag">
<div id="tag">
<ul id="ul_tag">
hello I am ul tag
<li class="L1">hello I am li tag<a>https://damo.alibaba.com/</li>
<li class="L2">hello I am li tag too</li>
</ul>
</div>
</div>
'''
doc=pq(html)
print(doc('#ul_tag .L1').siblings())
```

运行结果如下：

```
<li class="L2">hello I am li tag too</li>
```

在上面的代码中首先选择 id 为 ul_tag 的节点内部 class 为 L1 的节点。很明显可以看出，它的兄弟节点是 class 为 L2 的节点。

同样，siblings() 也可以接收一个参数用来筛选兄弟节点中符合条件的节点。代码如下：

```
from pyquery import PyQuery as pq

html='''
<div class="div_tag">
<div id="tag">
<ul id="ul_tag">
hello I am ul tag
<li class="L1">hello I am li tag<a>https://damo.alibaba.com/</li>
<li class="L2">hello I am li tag too</li>
```

```
<li class="L3 attr"></li>
</ul>
</div>
</div>
'''
doc=pq(html)
print(doc('#ul_tag .L1').siblings('.attr'))
```

这里新增了一条记录，通过前面的筛选可知，此时 L1 的兄弟节点有两个，但符合条件的只有 L3 节点。

运行结果如下：

```
<li class="L3 attr"/>
```

第6章 Beautiful Soup库

在第5章讲解了lxml、XPath、pyquery三个解析库的用法。除了这三个解析库外，Python还提供了另一个强大的解析库——Beautiful Soup。相比其他几个库，Beautiful Soup使用起来更加简洁方便。

6.1 Beautiful Soup简介

用户可以使用正则表达式来解析数据，但是一旦正则表达式写得有问题，得到的可能就不是想要的结果。而且对一个网页来说，都有一定的特殊结构和层级关系，而且很多节点都由id或class来进行区分，用户可以借助它们的结构和属性来提取。

视频

正则表达式

Beautiful Soup借助网页结构和属性等特性来解析网页。使用Beautiful Soup可以不用再去写一些复杂的正则表达式，只需要简单的几条语句就可以完成网页中某个元素的提取。

简单来说，Beautiful Soup就是Python的一个HTML或XML的解析库，可以用来方便地从网页中提取数据。官方解释如下：

Beautiful Soup提供一些简单的、Python式的函数来处理导航、搜索、修改分析树等功能。它是一个工具箱，通过解析文档为用户提供需要爬取的数据，因为简单，所以不需要很多代码就可以写出一个完整的应用程序。

Beautiful Soup自动将输入文档转换为Unicode编码，输出文档转换为UTF-8编码。不需要考虑编码方式，除非文档没有指定一个编码方式并且Beautiful Soup无法检测到编码，这时只需要指定原始编码即可。

Beautiful Soup已经成为和lxml、html6lib一样出色的Python解释器，为用户灵活地提供不同的解析策略或强劲的速度。

截至目前，BeautihilSoup（3.2.1 版本）已经停止开发，官网推荐现在的项目使用 beautifulsoup4（Beautiful Soup 4 版本，简称 bs4）开发。

bs4 是一个 HTML/XML 的解析器，其主要功能是解析和提取 HTML/XML 数据。它不仅支持 CSS 选择器，而且支持 Python 标准库中的 HTML 解析器，以及 lxml 的 XML 解析器。通过使用这些转化器，实现了惯用的文档导航和查找方式，节省了大量的工作时间，提高了开发项目的效率。

bs4 库会将复杂的 HTML 文档换成树结构（HTML DOM），这个结构中的每个节点都是一个 Python 对象。这些对象可以归纳为如下四种：

（1）bs4.element.Tag 类：表示 HTML 中的标签，是最基本的信息组织单元，它有两个非常重要的属性，分别是表示标签名字的 name 属性和表示标签属性的 attrs 属性。

（2）bs4.element.NavigableString 类：表示 HTML 中标签的文本（非属性字符串）。

（3）bs4.BeautifulSoup 类：表示 HTML DOM 中的全部内容，支持遍历文档树和搜索文档树的大部分方法。

（4）bs4.element.Comment 类：表示标签内字符串的注释部分，是一种特殊的 Navigable String 对象。

使用 bs4 的一般流程如下：

（1）创建一个 BeautifulSoup 类型的对象。

根据 HTML 或者文件创建 BeautifulSoup 对象。

（2）通过 BeautifulSoup 对象的操作方法进行解读搜索。

根据 DOM 树进行各种节点的搜索（例如，find-all() 方法可以搜索出所有满足要求的节点，find() 方法只会搜索出第一个满足要求的节点）。只要获得了一个节点，就可以访问节点的名称、属性和文本。

（3）利用 DOM 树结构标签的特性，进行更加详细的节点信息提取。

在搜索节点时，也可以按照节点的名称、节点的属性或者节点的文字进行搜索。

上述流程如图 6-1 所示。

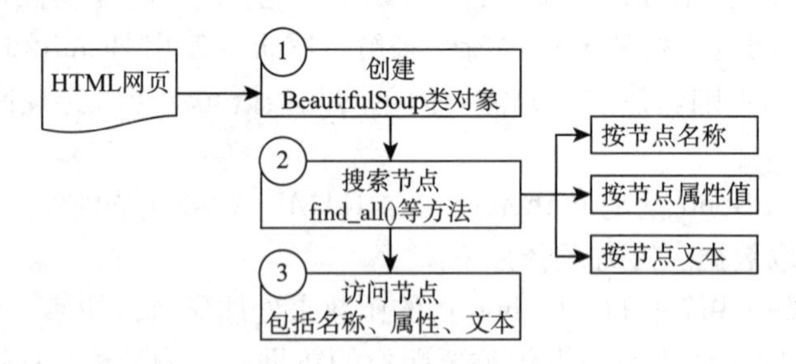

图 6-1　bs4 库的使用流程

6.1.1　Windows 下安装 Beautiful Soup

在 Windows 下安装 Beautiful Soup 最简单的方法是使用 pip 安装。打开 cmd 命令窗口，执行如下命令：

```
pip install beautifulsoup4
```

结果如图 6-2 所示，表示 bs4 已经成功安装到 Windows 中，可以直接使用。

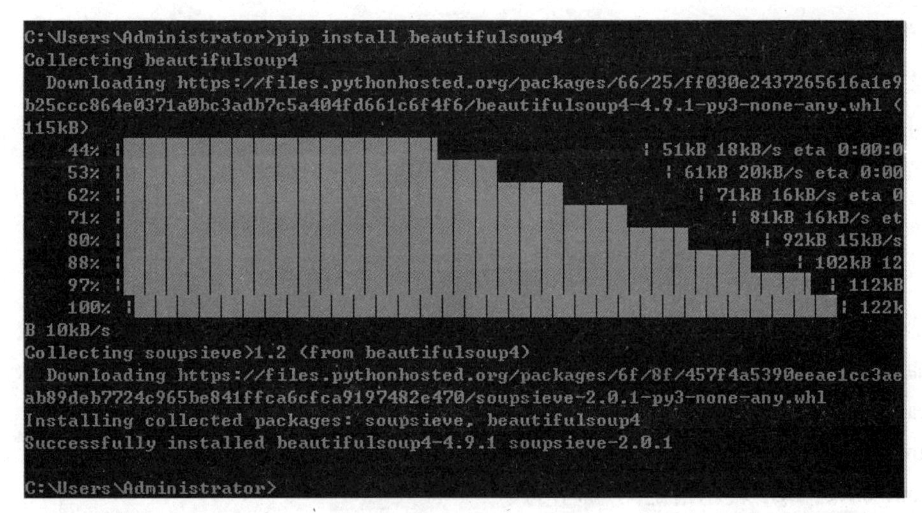

图 6-2　Windows 安装 bs4

除了使用 pip 安装外还可以从 PyPI 下载 wheel 文件安装（https://pypi.org/beautifulsoup4）。下载完成后使用 pip 安装 wheel 文件即可。

安装完成后可以运行下面的代码验证：

```
from bs4 import BeautifulSoup
soup=BeautifulSoup('<p>Hello</p>','lxml')
print(soup.p.string)
```

如果打印输出了 Hello 表示安装成功。这里虽然安装的是 beautifulsoup4 这个包，但是在引入时却是 bs4。这是因为这个包源代码本身的库文件名称就是 bs4，所以安装完成之后，这个库文件夹就被移入到本机 Python 3 的 lib 库中，识别到的库文件名就叫作 bs4。所以，包本身的名称和使用时导入包的名称并不一定是一致的。

6.1.2　Linux 下安装 Beautiful Soup

在 Linux 终端以 root 用户（如果普通用户有权限，也可以使用 sudo 命令安装）执行命令：

```
apt-get install python-bs4
```

安装成功后输入 python 进入 python 模块，运行下面的代码进行验证：

```
from bs4 import BeautifulSoup
```

图 6-3 所示为安装成功界面。

```
ccc@ccc-PC:~$ python
Python 2.7.15 (default, May  1 2018, 05:55:50)
[GCC 7.3.0] on linux2
Type "help", "copyright", "credits" or "license" for more information.
>>>
>>>
>>> from bs4 import BeautifulSoup
>>> 
```

图 6-3　Linux 安装 bs4

6.1.3 创建 Beautiful Soup 对象

通过一个字符串或者类文件对象（存储在本地的文件句柄或 Web 网页句柄）可以创建 BeautifulSoup 类的对象。

BeautifulSoup 类中构造方法的语法如下：

```
def__init__(self, markup="", features=None, builder=None,
            parse_only=None, from_encoding=None,
            exclude_encodings=None, **kwargs)
```

上述方法的一些参数含义如下：

（1）markup：表示要解析的文档字符串或文件对象。

（2）features：表示解析器的名称。

（3）builder：表示指定的解析器。

（4）from_cncoding：表示指定的编码格式。

（5）exclude_encodings：表示排除的编码格式。

创建 Beautiful Soup 对象首先要导入 bs4 库：

```
from bs4 import BeautifulSoup
soup=BeautifulSoup('<p>Hello</p>','lxml')
```

上述示例中，在创建 BeautifulSoup 实例时共传入了两个参数。其中，第一个参数表示包含被解析 HTML 文档的字符串；第二个参数表示使用 lxml 解析器进行解析。

Beautiful Soup 在解析时实际上依赖解析器，它除了支持 Python 标准库中的 HTML 解析器外，还支持一些第三方解析器（如 lxml）。为了让用户更好地选择合适的解析器，下面列举它们的使用方法和优缺点，如表 6-1 所示。

表 6-1　bs4 库支持的解析器

解析器	使用方法	优势	劣势
Python 标准库	BeautifulSoup(markup,"html.parser")	（1）Python 的内置标准库； （2）执行速度适中； （3）文档容错能力强	Python 2.7.3 或 3.2.2 之前的版本中文档容错能力差
lxml HTML 解析器	BeautifulSoup(markup,"lxml")	（1）速度快； （2）文档容错能力强	需要安装 C 语言库
lxml XML 解析器	BeautifulSoup(markup,[<<lxml-xml>>]) BeautifulSoup(markup,"xml")	（1）速度快； （2）唯一支持 XML 的解析器	需要安装 C 语言库
html51ib	BeautifulSoup(markup,"html5lib")	（1）最好的容错性； （2）以浏览器的方式解析文档； （3）生成 HTML5 格式的文档	（1）速度慢； （2）不依赖外部扩展

通过以上对比可以看出，lxml 解析器有解析 HTML 和 XML 的功能，而且速度快，容错能力强，所以推荐使用它。

在创建 BeautifulSoup 对象时，如果没有明确地指定解析器，那么 BeautifulSoup 对象会根据当前系统安装的库自动选择解析器。解析器的选择顺序为 lxml、html5lib、Python 标准库。在下面两种情况下，选择解析器的优先序会发生变化：

（1）要解析的文档是什么类型，目前支持 html、xml 和 html5。

（2）指定使用哪种解析器。

如果明确指定的解析器没有安装，那么 BeautifulSoup 对象会自动选择其他方案。但是，目前只有 lxml 解析器支持解析 XML 文档，一旦没有安装 lxml 库，就无法得到解析后的对象。

使用 print() 函数输出刚创建的 BeautifulSoup 对象 soup。代码如下：

```
from bs4 import BeautifulSoup
html='<p>Hello</p>'
soup=BeautifulSoup(html,'lxml')
print(soup.prettify())
```

上述示例中调用了 prettify() 方法进行打印，既可以为 HTML 标签和内容增加换行符，又可以对标签做相关的处理，以便于更加友好地显示 HTML 内容。为了直观地比较这两种情况，下面分别列出直接打印和调用 prettify() 方法后打印的结果。

直接使用 print() 函数进行输出，结果如下：

```
<html><body><p>Hello</p></body></html>
```

调用 prettify() 方法后进行输出，结果如下：

```
<html>
 <body>
  <p>
   Hello
  </p>
 </body>
</html>
```

在上面的代码中首先声明了变量 html，它是一个 HTML 字符串。但需要注意的是，它并不是一个完整的 HTML 字符串，因为缺少 html 和 body 节点。接着将它作为第一个参数传给 BeautifulSoup 对象，该对象的第二个参数为解析器的类型（这里使用 lxml），此时就完成了 BeautifulSoup 对象的初始化。然后将这个对象赋值给 soup 变量。

最后调用 prettify() 方法解析 HTML 代码，这个方法可以把要解析的字符串以标准的缩进格式输出。可以看到，输出结果中包含 html 和 body 节点，也就是说对于不标准的 HTML 字符串 BeautifulSoup 可以自动更正格式。这一步不是由 prettify() 方法做的，而是在初始化 BeautifulSoup 时就完成了。

6.2 对象种类

Beautiful Soup 将复杂 HTML 文档转换成一个复杂的树形结构，每个节点都是 Python 对象，所有对象可以归纳为四种：Tag、NavigableString、BeautifulSoup、Comment。

6.2.1 Tag

Tag 通俗地讲就是 HTML 中的一个个标签，下面以一段 HTML 代码为例进行说明：

```
<html><head><title>The Dormouse's story</title></head>
<body>
<p class="title"><b>The Dormouse's story</b></p>

<p class="story">Once upon a time there were three little sisters; and their
names were
<a href="http://example.com/elsie" class="sister" id="link1">Elsie</a>,
<a href="http://example.com/lacie" class="sister" id="link2">Lacie</a> and
<a href="http://example.com/tillie" class="sister" id="link3">Tillie</a>;
and they lived at the bottom of a well.</p>

<p class="story">...</p>
```

这段 HTML 代码是官方提供的，将作为例子被多次用到。

在上面的代码中，html、head、title 等 HTML 标签加上里面的内容就是 Tag。下面用一段代码说明获取 Tags 的方法：

```
from bs4 import BeautifulSoup

html_doc="""
<html><head><title>The Dormouse's story</title></head>
<body>
<p class="title"><b>The Dormouse's story</b></p>

<p class="story">Once upon a time there were three little sisters; and their
names were
<a href="http://example.com/elsie" class="sister" id="link1">Elsie</a>,
<a href="http://example.com/lacie" class="sister" id="link2">Lacie</a> and
<a href="http://example.com/tillie" class="sister" id="link3">Tillie</a>;
and they lived at the bottom of a well.</p>

<p class="story">...</p>
"""

soup=BeautifulSoup(html_doc, 'lxml')
print(soup.title)
print(soup.p)
```

运行结果如下：

```
<title>The Dormouse's story</title>
<p class="title"><b>The Dormouse's story</b></p>
```

这里使用 soup 加标签名轻松地获取这些标签的内容，从结果看到打印的是 title、p 节点和里面的内容。相比于正则表达式，这种方式更加方便。经过选择器选择后，选择结果都是 Tag 类型，可以验证一下这些对象的类型：

```
print(type(soup.title))
```

运行结果如下：

```
<class 'bs4.element.Tag'>
```

可以看到它的类型是 bs4.element.Tag 类型，这是 Beautiful Soup 中一个重要的数据结构。Tag 有很多方法和属性，它有两个重要的属性：name 和 attributes。

1. name

每个 Tag 都有自己的名字，可以通过 .name 的方式来获取。代码如下：

```
from bs4 import BeautifulSoup

html_doc="""
<html><head><title>The Dormouse's story</title></head>
<body>
<p class="title"><b>The Dormouse's story</b></p>

<p class="story">Once upon a time there were three little sisters; and their names were
<a href="http://example.com/elsie" class="sister" id="link1">Elsie</a>,
<a href="http://example.com/lacie" class="sister" id="link2">Lacie</a> and
<a href="http://example.com/tillie" class="sister" id="link3">Tillie</a>;
and they lived at the bottom of a well.</p>

<p class="story">...</p>
"""

soup=BeautifulSoup(html_doc, 'lxml')
print(soup.name)
print(soup.a.name)
```

运行结果如下：

```
[document]
a
```

可以看到，这里分别输出了 [document] 与 a 两条信息。a 比较好理解，用户可以很清楚地知道 a 节点的名字就是 a。那么 [document] 是什么呢？因为 soup 对象本身比较特殊，它的 name 即为 [document]。对于其他内部标签，输出的值就是标签本身的名称。

另外，还可以用这种方式改变标签的名字。例如：

```
from bs4 import BeautifulSoup

html_doc="""
<html><head><title>The Dormouse's story</title></head>
<body>
<p class="title"><b>The Dormouse's story</b></p>

<p class="story">Once upon a time there were three little sisters; and their
names were
<a href="http://example.com/elsie" class="sister" id="link1">Elsie</a>,
<a href="http://example.com/lacie" class="sister" id="link2">Lacie</a> and
<a href="http://example.com/tillie" class="sister" id="link3">Tillie</a>;
and they lived at the bottom of a well.</p>

<p class="story">...</p>
"""
```

```
soup=BeautifulSoup(html_doc, 'lxml')
soup.a.name="p"
print(soup.prettify())
```

这里首先修改 a 节点的名称为 p，然后输出解析后的 HTML 代码。结果如下：

```
<html>
 <head>
  <title>
   The Dormouse's story
  </title>
 </head>
 <body>
  <p class="title">
   <b>
    The Dormouse's story
   </b>
  </p>
  <p class="story">
   Once upon a time there were three little sisters; and their names were
   <p class="sister" href="http://example.com/elsie" id="link1">
    Elsie
   </p>
   ,
   <a class="sister" href="http://example.com/lacie" id="link2">
    Lacie
   </a>
   and
   <a class="sister" href="http://example.com/tillie" id="link3">
    Tillie
   </a>
   ;
and they lived at the bottom of a well.
  </p>
  <p class="story">
   ...
  </p>
 </body>
</html>
```

从结果可以看到改变了 Tag 的 name，并且影响到了所有通过当前 Beautiful Soup 对象生成的 HTML 文档。观察发现第一个 a 节点的名称已经变为了 p，从第二个开始是没有影响的。仔细观察发现，前面在获取标签内容时也只找到了第一个，通过 soup 加标签名查找的是在所有内容中的第一个符合要求的标签。如何查询所有的标签，将在下面进行介绍。

2. Attributes

一个 Tag 可能有很多个属性，例如，在上面的 HTML 代码中，<p class="title"> 有一个 class 的属性，值为 title。Tag 属性的操作方法与字典相同。例如：

```
from bs4 import BeautifulSoup

html_doc="""
<html><head><title>The Dormouse's story</title></head>
```

```
    <body>
    <p class="title"><b>The Dormouse's story</b></p>

    <p class="story">Once upon a time there were three little sisters; and their
names were
    <a href="http://example.com/elsie" class="sister" id="link1">Elsie</a>,
    <a href="http://example.com/lacie" class="sister" id="link2">Lacie</a> and
    <a href="http://example.com/tillie" class="sister" id="link3">Tillie</a>;
    and they lived at the bottom of a well.</p>

    <p class="story">...</p>
    """

    soup=BeautifulSoup(html_doc, 'lxml')
    print(soup.p['class'])
```

这里获取到了 p 标签的属性，运行结果如下：

```
    ['title']
```

如果想要获取 p 标签的所有属性，可以使用“点”，如“.attrs”。例如：

```
    from bs4 import BeautifulSoup

    html_doc="""
    <html><head><title>The Dormouse's story</title></head>
    <body>
    <p class="title"><b>The Dormouse's story</b></p>

    <p class="story">Once upon a time there were three little sisters; and their
names were
    <a href="http://example.com/elsie" class="sister" id="link1">Elsie</a>,
    <a href="http://example.com/lacie" class="sister" id="link2">Lacie</a> and
    <a href="http://example.com/tillie" class="sister" id="link3">Tillie</a>;
    and they lived at the bottom of a well.</p>

    <p class="story">...</p>
    """

    soup=BeautifulSoup(html_doc, 'lxml')
    print(soup.p.attrs)
```

这里使用“.attr”把 p 标签所有的属性都打印输出，得到的类型是一个字典。

除了这两种方式之外，还可以使用 get() 方法传入属性名称来获取某个属性。代码如下：

```
    from bs4 import BeautifulSoup
    html_doc="""
    <html><head><title>The Dormouse's story</title></head>
    <body>
    <p class="title"><b>The Dormouse's story</b></p>

    <p class="story">Once upon a time there were three little sisters; and their
names were
    <a href="http://example.com/elsie" class="sister" id="link1">Elsie</a>,
    <a href="http://example.com/lacie" class="sister" id="link2">Lacie</a> and
```

```
<a href="http://example.com/tillie" class="sister" id="link3">Tillie</a>;
and they lived at the bottom of a well.</p>

<p class="story">...</p>
"""

soup=BeautifulSoup(html_doc, 'lxml')
print(soup.p.get('class'))
```

这与 soup.p['class'] 的效果是一样的。运行结果如下：

```
['title']
```

另外，还可以对这些属性进行添加、修改、删除，修改操作在前面已经介绍过，这里主要介绍添加与删除操作。代码如下：

```
from bs4 import BeautifulSoup

html_doc="""
<html><head><title>The Dormouse's story</title></head>
<body>
<p class="title"><b>The Dormouse's story</b></p>

<p class="story">Once upon a time there were three little sisters; and their
names were
<a href="http://example.com/elsie" class="sister" id="link1">Elsie</a>,
<a href="http://example.com/lacie" class="sister" id="link2">Lacie</a> and
<a href="http://example.com/tillie" class="sister" id="link3">Tillie</a>;
and they lived at the bottom of a well.</p>

<p class="story">...</p>
"""

soup=BeautifulSoup(html_doc, 'lxml')
# 添加
soup.p['name']='Dormouse'
# 删除
del soup.p['class']
print(soup.p.attrs)
```

这里首先给 p 节点添加了 name 属性，值为 'Dormouse'，然后执行删除操作，删除 p 节点原有的 class 属性，最后输出 p 标签所有的属性。运行结果如下：

```
{'name': 'Dormouse'}
```

从结果可以看到用户的操作是成功的。通常情况下，删除、添加、修改的操作不是用户的主要用途。

Tag 有很多方法和属性，在遍历文档树和搜索文档树中有详细解释，参见 6.3 节。

6.2.2 NavigableString

字符串常被包含在 Tag 内，前面我们已经获取到了标签的属性等内容，如果想要获取标签中的文字信息，可以使用 .string。代码如下：

```
from bs4 import BeautifulSoup
```

```
html_doc="""
<html><head><title>The Dormouse's story</title></head>
<body>
<p class="title"><b>The Dormouse's story</b></p>

<p class="story">Once upon a time there were three little sisters; and their names were
<a href="http://example.com/elsie" class="sister" id="link1">Elsie</a>,
<a href="http://example.com/lacie" class="sister" id="link2">Lacie</a> and
<a href="http://example.com/tillie" class="sister" id="link3">Tillie</a>;
and they lived at the bottom of a well.</p>

<p class="story">...</p>
"""

soup=BeautifulSoup(html_doc, 'lxml')
print(soup.p.string)
```

运行结果如下：

```
The Dormouse's story
```

这样就轻松获取到了标签中的内容。与 Tag 一样，NavigableString 也有自己的类型，它的类型是一个 NavigableString，翻译过来叫“可以遍历的字符串”。下面通过代码进行验证。

```
from bs4 import BeautifulSoup

html_doc="""
<html><head><title>The Dormouse's story</title></head>
<body>
<p class="title"><b>The Dormouse's story</b></p>

<p class="story">Once upon a time there were three little sisters; and their names were
<a href="http://example.com/elsie" class="sister" id="link1">Elsie</a>,
<a href="http://example.com/lacie" class="sister" id="link2">Lacie</a> and
<a href="http://example.com/tillie" class="sister" id="link3">Tillie</a>;
and they lived at the bottom of a well.</p>

<p class="story">...</p>
"""

soup = BeautifulSoup(html_doc, 'lxml')
print(type(soup.p.string))
```

运行结果如下：

```
<class 'bs4.element.NavigableString'>
```

6.2.3 BeautifulSoup

BeautifulSoup 对象表示的是一个文档的全部内容，大部分时候，可以把它当作一个特殊的 Tag 对象。因为 BeautifulSoup 对象并不是真正的 HTML 或 XML 的 Tag，所以它没有 name 和 attribute 属性。但有时查看它的 .name 属性是很方便的，所以 BeautifulSoup 对象包含了一个值为 [document]

的特殊属性 .name。用户可以分别获取它的类型，名称，以及属性来感受一下。

代码如下：

```
from bs4 import BeautifulSoup

html_doc="""
<html><head><title>The Dormouse's story</title></head>
<body>
<p class="title"><b>The Dormouse's story</b></p>

<p class="story">Once upon a time there were three little sisters; and their
names were
<a href="http://example.com/elsie" class="sister" id="link1">Elsie</a>,
<a href="http://example.com/lacie" class="sister" id="link2">Lacie</a> and
<a href="http://example.com/tillie" class="sister" id="link3">Tillie</a>;
and they lived at the bottom of a well.</p>

<p class="story">...</p>
"""

soup=BeautifulSoup(html_doc, 'lxml')
print(type(soup.name))
print(soup.name)
print(soup.attrs)
```

运行结果如下：

```
<class 'str'>
[document]
{}
```

6.2.4 Comment

Tag、NavigableString、BeautifulSoup 几乎覆盖了 HTML 和 XML 中的所有内容，但是还有一些特殊对象。Comment 对象是一个特殊类型的 NavigableString 对象，输出的内容不包括注释符号，如果不好好处理它，可能会对文本处理造成一些不必要的麻烦。

例如：

```
from bs4 import BeautifulSoup

html_doc="""
<html><head><title><!--The Dormouse's story--></title></head>
<body>
<p class="title"><b>The Dormouse's story</b></p>

<p class="story">Once upon a time there were three little sisters; and their
names were
<a href="http://example.com/elsie" class="sister" id="link1">Elsie</a>,
<a href="http://example.com/lacie" class="sister" id="link2">Lacie</a> and
<a href="http://example.com/tillie" class="sister" id="link3">Tillie</a>;
and they lived at the bottom of a well.</p>

<p class="story">...</p>
"""
```

```
soup=BeautifulSoup(html_doc, 'lxml')
print(soup.title)
print(soup.title.string)
print(type(soup.title.string))
```

运行结果如下：

```
<title><!--The Dormouse's story--></title>
The Dormouse's story
<class 'bs4.element.Comment'>
```

注意上面的 HTML 代码，title 标签中的内容是注释，但是在使用 .string 输出的内容中，注释被去掉了，这就有可能在后续的处理中带来不必要的麻烦。通过打印出的类型发现它是一个 Comment 类型，为了避免一些错误的发生，可以在进入下一步之前进行判断处理。代码如下：

```
import bs4
from bs4 import BeautifulSoup

html_doc="""
<html><head><title><!--The Dormouse's story--></title></head>
<body>
<p class="title"><b>The Dormouse's story</b></p>

<p class="story">Once upon a time there were three little sisters; and their names were
<a href="http://example.com/elsie" class="sister" id="link1">Elsie</a>,
<a href="http://example.com/lacie" class="sister" id="link2">Lacie</a> and
<a href="http://example.com/tillie" class="sister" id="link3">Tillie</a>;
and they lived at the bottom of a well.</p>

<p class="story">...</p>
"""

soup=BeautifulSoup(html_doc, 'lxml')
if type(soup.title.string)==bs4.element.Comment:
    print("这是注释")
```

在上面的代码中，对 .string 的类型进行了判断，然后输出了提示信息，运行结果如下：

```
这是注释
```

当然也可以进行其他操作。

6.3 遍历文档树

6.3.1 子节点

一个 Tag 可能包含多个字符串或其他的 Tag，这些都是这个 Tag 的子节点。Beautiful Soup 提供了许多操作和遍历子节点的属性。

注意：Beautiful Soup 中字符串节点不支持这些属性，因为字符串没有子节点。

1. .contents

tag 的 .content 属性可以将 Tag 的子节点以列表的方式输出。代码如下：

```
import bs4
from bs4 import BeautifulSoup

html_doc="""
<html><head><title>The Dormouse's story</title></head>
<body>
<p class="title"><b>The Dormouse's story</b></p>

<p class="story">Once upon a time there were three little sisters; and their
names were
<a href="http://example.com/elsie" class="sister" id="link1">Elsie</a>,
<a href="http://example.com/lacie" class="sister" id="link2">Lacie</a> and
<a href="http://example.com/tillie" class="sister" id="link3">Tillie</a>;
and they lived at the bottom of a well.</p>

<p class="story">...</p>
"""

soup=BeautifulSoup(html_doc, 'lxml')
print(soup.head)
print(soup.head.contents)
```

运行结果如下：

```
<head><title><!--The Dormouse's story--></title></head>
[<title><!--The Dormouse's story--></title>]
```

可以看到输出的方式是列表，用户可以用列表索引来获取它的某一个元素。代码如下：

```
import bs4
from bs4 import BeautifulSoup

html_doc="""
<html><head><title>The Dormouse's story</title></head>
<body>
<p class="title"><b>The Dormouse's story</b></p>

<p class="story">Once upon a time there were three little sisters; and their
names were
<a href="http://example.com/elsie" class="sister" id="link1">Elsie</a>,
<a href="http://example.com/lacie" class="sister" id="link2">Lacie</a> and
<a href="http://example.com/tillie" class="sister" id="link3">Tillie</a>;
and they lived at the bottom of a well.</p>

<p class="story">...</p>
"""

soup=BeautifulSoup(html_doc, 'lxml')
print(soup.head.contents[0])
```

运行结果如下：

```
<title><!--The Dormouse's story--></title>
```

BeautifulSoup 对象本身一定会包含子节点，也就是说 <html> 标签也是 BeautifulSoup 对象的子节点。代码如下：

```
import bs4
from bs4 import BeautifulSoup

html_doc="""
<html><head><title>The Dormouse's story</title></head>
<body>
<p class="title"><b>The Dormouse's story</b></p>

<p class="story">Once upon a time there were three little sisters; and their
names were
<a href="http://example.com/elsie" class="sister" id="link1">Elsie</a>,
<a href="http://example.com/lacie" class="sister" id="link2">Lacie</a> and
<a href="http://example.com/tillie" class="sister" id="link3">Tillie</a>;
and they lived at the bottom of a well.</p>

<p class="story">...</p>
"""

soup=BeautifulSoup(html_doc, 'lxml')
print(soup.contents[0].name)
```

运行结果如下：

```
html
```

前面说过字符串是没有 .contents 属性的，因为字符串没有子节点。例如：

```
import bs4
from bs4 import BeautifulSoup

html_doc="""
<html><head><title>The Dormouse's story</title></head>
<body>
<p class="title"><b>The Dormouse's story</b></p>

<p class="story">Once upon a time there were three little sisters; and their
names were
<a href="http://example.com/elsie" class="sister" id="link1">Elsie</a>,
<a href="http://example.com/lacie" class="sister" id="link2">Lacie</a> and
<a href="http://example.com/tillie" class="sister" id="link3">Tillie</a>;
and they lived at the bottom of a well.</p>

<p class="story">...</p>
"""

soup=BeautifulSoup(html_doc, 'lxml')
print(soup.title.contents[0].contents)
```

此时运行代码会出现没有 contents 属性的错误，如下所示：

```
AttributeError: 'NavigableString' object has no attribute 'contents'
```

2．.children

通过 Tag 的 .children 生成器，可以对 Tag 的子节点进行循环，但是它返回的不是一个 list，不过可以通过遍历获取所有子节点。可以先输出 .children 看一下，代码如下：

```
from bs4 import BeautifulSoup

html_doc="""
<html><head><title>The Dormouse's story</title></head>
<body>
<p class="title"><b>The Dormouse's story</b></p>

<p class="story">Once upon a time there were three little sisters; and their
names were
<a href="http://example.com/elsie" class="sister" id="link1">Elsie</a>,
<a href="http://example.com/lacie" class="sister" id="link2">Lacie</a> and
<a href="http://example.com/tillie" class="sister" id="link3">Tillie</a>;
and they lived at the bottom of a well.</p>

<p class="story">...</p>
"""

soup=BeautifulSoup(html_doc, 'lxml')
print(soup.title.children)
```

运行结果如下：

```
<list_iterator object at 0x000000000A8DDAC8>
```

观察结果可以发现，它是一个 list 生成器对象。想要获取里面的内容可以使用遍历的方式，代码如下：

```
from bs4 import BeautifulSoup

html_doc="""
<html><head><title>The Dormouse's story</title></head>
<body>
<p class="title"><b>The Dormouse's story</b></p>

<p class="story">Once upon a time there were three little sisters; and their
names were
<a href="http://example.com/elsie" class="sister" id="link1">Elsie</a>,
<a href="http://example.com/lacie" class="sister" id="link2">Lacie</a> and
<a href="http://example.com/tillie" class="sister" id="link3">Tillie</a>;
and they lived at the bottom of a well.</p>

<p class="story">...</p>
"""

soup=BeautifulSoup(html_doc, 'lxml')
for child in soup.body.children:
    print(child)
```

这里获取到了 body 节点下所有的子节点。运行结果如下：

```
<p class="title"><b>The Dormouse's story</b></p>
```

```
<p class="story">Once upon a time there were three little sisters; and their
names were
<a class="sister" href="http://example.com/elsie" id="link1">Elsie</a>,
<a class="sister" href="http://example.com/lacie" id="link2">Lacie</a> and
<a class="sister" href="http://example.com/tillie" id="link3">Tillie</a>;
and they lived at the bottom of a well.</p>


<p class="story">...</p>
```

3．.descendants

.contents 和 .children 属性仅包含 Tag 的直接子节点。例如，<head> 标签只有一个直接子节点 <title>。但是 <title> 标签也包含一个子节点：字符串 "The Dormouse’s story", 这种情况下字符串 "The Dormouse’s story" 也属于 <head> 标签的子孙节点，.descendants 属性可以对所有 Tag 的子孙节点进行递归循环。同 children 类似，用户也需要遍历获取其中的内容。

例如：

```
from bs4 import BeautifulSoup

html_doc="""
<html><head><title>The Dormouse's story</title></head>
<body>
<p class="title"><b>The Dormouse's story</b></p>

<p class="story">Once upon a time there were three little sisters; and their
names were
<a href="http://example.com/elsie" class="sister" id="link1">Elsie</a>,
<a href="http://example.com/lacie" class="sister" id="link2">Lacie</a> and
<a href="http://example.com/tillie" class="sister" id="link3">Tillie</a>;
and they lived at the bottom of a well.</p>

<p class="story">...</p>
"""

soup=BeautifulSoup(html_doc, 'lxml')
for child in soup.head.descendants:
   print(child)
```

这里获取的是 head 节点下的内容。运行结果如下：

```
<title>The Dormouse's story</title>
The Dormouse's story
```

观察结果可以发现，head 下所有的节点都被打印出来了，首先是子节点 title，然后是子孙节点“The Dormouse's story”。

4．.string

如果 Tag 只有一个 NavigableString 类型的子节点，那么这个 Tag 可以使用 .string 得到子节点。如果一个 Tag 仅有一个子节点，那么这个 Tag 也可以使用 .string 方法，输出结果与当前唯一子节点的 .string 结果相同。

通俗地说就是：如果一个标签里面没有标签了，那么 .string 就会返回标签里面的内容。如果标签里面只有唯一的一个标签，那么 .string 也会返回最里面的内容。例如：

```
from bs4 import BeautifulSoup

html_doc="""
<html><head><title>The Dormouse's story</title></head>
<body>
<p class="title"><b>The Dormouse's story</b></p>

<p class="story">Once upon a time there were three little sisters; and their names were
<a href="http://example.com/elsie" class="sister" id="link1">Elsie</a>,
<a href="http://example.com/lacie" class="sister" id="link2">Lacie</a> and
<a href="http://example.com/tillie" class="sister" id="link3">Tillie</a>;
and they lived at the bottom of a well.</p>

<p class="story">...</p>
"""

soup=BeautifulSoup(html_doc, 'lxml')
print(soup.head.string)
print(soup.title.string)
```

运行结果如下：

```
The Dormouse's story
The Dormouse's story
```

如果 Tag 包含了多个子节点，Tag 就无法确定 .string 方法应该调用哪个子节点的内容，.string 的输出结果是 None。例如：

```
from bs4 import BeautifulSoup

html_doc="""
<html><head><title>The Dormouse's story</title></head>
<body>
<p class="title"><b>The Dormouse's story</b></p>

<p class="story">Once upon a time there were three little sisters; and their names were
<a href="http://example.com/elsie" class="sister" id="link1">Elsie</a>,
<a href="http://example.com/lacie" class="sister" id="link2">Lacie</a> and
<a href="http://example.com/tillie" class="sister" id="link3">Tillie</a>;
and they lived at the bottom of a well.</p>

<p class="story">...</p>
"""

soup=BeautifulSoup(html_doc, 'lxml')
print(soup.body.string)
```

运行结果如下：

```
None
```

5. .strings 和 stripped_strings

如果 Tag 中包含多个字符串，可以使用 .strings 来循环获取。要获取多项内容，同样需要遍历。代码如下：

```
from bs4 import BeautifulSoup

html_doc="""
<html><head><title>The Dormouse's story</title></head>
<body>
<p class="title"><b>The Dormouse's story</b></p>

<p class="story">Once upon a time there were three little sisters; and their
names were
<a href="http://example.com/elsie" class="sister" id="link1">Elsie</a>,
<a href="http://example.com/lacie" class="sister" id="link2">Lacie</a> and
<a href="http://example.com/tillie" class="sister" id="link3">Tillie</a>;
and they lived at the bottom of a well.</p>

<p class="story">...</p>
"""

soup=BeautifulSoup(html_doc, 'lxml')
for string in soup.strings:
    print(repr(string))
```

运行结果如下：

```
"The Dormouse's story"
'\n'
'\n'
"The Dormouse's story"
'\n'
'Once upon a time there were three little sisters; and their names were\n'
'Elsie'
',\n'
'Lacie'
' and\n'
'Tillie'
';\nand they lived at the bottom of a well.'
'\n'
'...'
'\n'
```

在输出的字符串中可能包含了很多空格或空行，使用 .stripped_strings 可以去除多余空白内容。代码如下：

```
from bs4 import BeautifulSoup

html_doc="""
<html><head><title>The Dormouse's story</title></head>
<body>
<p class="title"><b>The Dormouse's story</b></p>

<p class="story">Once upon a time there were three little sisters; and their
```

```
names were
    <a href="http://example.com/elsie" class="sister" id="link1">Elsie</a>,
    <a href="http://example.com/lacie" class="sister" id="link2">Lacie</a> and
    <a href="http://example.com/tillie" class="sister" id="link3">Tillie</a>;
    and they lived at the bottom of a well.</p>

    <p class="story">...</p>
    """

    soup=BeautifulSoup(html_doc, 'lxml')
    for string in soup.stripped_strings:
       print(repr(string))
```

运行结果如下：

```
"The Dormouse's story"
"The Dormouse's story"
'Once upon a time there were three little sisters; and their names were'
'Elsie'
','
'Lacie'
'and'
'Tillie'
';\nand they lived at the bottom of a well.'
'...'
```

全部是空格的行会被忽略掉，段首和段末的空白会被删除。

6.3.2　父节点

每个 Tag 或字符串都有父节点：被包含在某个 Tag 中。

1. .parent

通过 .parent 属性可以获取某个元素的父节点。例如：

```
from bs4 import BeautifulSoup

html_doc="""
<html><head><title>The Dormouse's story</title></head>
<body>
<p class="title"><b>The Dormouse's story</b></p>

<p class="story">Once upon a time there were three little sisters; and their
names were
<a href="http://example.com/elsie" class="sister" id="link1">Elsie</a>,
<a href="http://example.com/lacie" class="sister" id="link2">Lacie</a> and
<a href="http://example.com/tillie" class="sister" id="link3">Tillie</a>;
and they lived at the bottom of a well.</p>

<p class="story">...</p>
"""

soup=BeautifulSoup(html_doc, 'lxml')
print(soup.title.parent)
print(soup.title.string.parent)
print(type(soup.html.parent))
```

```
print(soup.parent)
```

这里首先找到 title 标签的父节点，文档 title 的字符串也有父节点 <title> 标签，代码倒数第二行找到的是顶层节点 <html> 的父节点，最后输出的是 BeautifulSoup 对象的父节点。运行结果如下：

```
<head><title>The Dormouse's story</title></head>
<title>The Dormouse's story</title>
<class 'bs4.BeautifulSoup'>
None
```

可以看到，<html> 的父节点是 BeautifulSoup 对象，BeautifulSoup 对象的父节点是 None。

2. .parents

通过元素的 .parents 属性可以递归得到元素的所有父节点。例如：

```
from bs4 import BeautifulSoup

html_doc="""
<html><head><title>The Dormouse's story</title></head>
<body>
<p class="title"><b>The Dormouse's story</b></p>

<p class="story">Once upon a time there were three little sisters; and their
names were
<a href="http://example.com/elsie" class="sister" id="link1">Elsie</a>,
<a href="http://example.com/lacie" class="sister" id="link2">Lacie</a> and
<a href="http://example.com/tillie" class="sister" id="link3">Tillie</a>;
and they lived at the bottom of a well.</p>

<p class="story">...</p>
"""

soup=BeautifulSoup(html_doc, 'lxml')
for parent in soup.a.parents:
   print(parent.name)
```

上面的例子使用了 .parents 方法遍历了 <a> 标签到根节点的所有节点。运行结果如下：

```
p
body
html
[document]
```

6.3.3 兄弟节点

首先看一段代码：

```
from bs4 import BeautifulSoup

html_doc='''
<a><b>text1</b><c>text2</c></b></a>
'''
soup=BeautifulSoup(html_doc, 'lxml')
print(soup.prettify())
```

运行结果如下：

```
<html>
 <body>
  <a>
   <b>
    text1
   </b>
   <c>
    text2
   </c>
  </a>
 </body>
</html>
```

因为 <b> 标签和 <c> 标签是同一层：它们是同一个元素的子节点，所以 <b> 和 <c> 可以称为兄弟节点。一段文档以标准格式输出时，兄弟节点有相同的缩进级别。在代码中也可以使用这种关系。

1. .next_sibling 和 .previous_sibling

兄弟节点可以理解为和本节点处在统一级的节点，.next_sibling 属性获取了该节点的下一个兄弟节点，.previous_sibling 则与之相反，如果节点不存在，则返回 None。

代码如下：

```
from bs4 import BeautifulSoup

html_doc='''
<a><b>text1</b><c>text2</c></b></a>
'''
soup=BeautifulSoup(html_doc, 'lxml')
print(soup.b.next_sibling)
print(soup.c.previous_sibling)
print(soup.b.previous_sibling)
print(soup.c.next_sibling)
```

运行结果如下：

```
<c>text2</c>
<b>text1</b>
None
None
```

可以看到 <b> 标签有 .next_sibling 属性，但是没有 .previous_sibling 属性，因为 <b> 标签在同级节点中是第一个。同理，<c> 标签有 .previous_sibling 属性，却没有 .next_sibling 属性。

在实际文档中的 Tag 的 .next_sibling 和 .previous_sibling 属性通常是字符串或空白，因为空白或者换行也可以被视作一个节点，所以得到的结果可能是空白或者换行。例如：

```
from bs4 import BeautifulSoup

html_doc="""
<html><head><title>The Dormouse's story</title></head>
<body>
<p class="title"><b>The Dormouse's story</b></p>
```

```
<p class="story">Once upon a time there were three little sisters; and their
names were
<a href="http://example.com/elsie" class="sister" id="link1">Elsie</a>,
<a href="http://example.com/lacie" class="sister" id="link2">Lacie</a> and
<a href="http://example.com/tillie" class="sister" id="link3">Tillie</a>;
and they lived at the bottom of a well.</p>

<p class="story">...</p>
"""

soup=BeautifulSoup(html_doc, 'lxml')
print(soup.a.next_sibling)
print(soup.a.next_sibling.next_sibling)
```

这里获取了第一个 <a> 标签的兄弟节点和第一个 <a> 标签兄弟节点的兄弟节点。如果以为第一个 <a> 标签的 .next_sibling 结果是第二个 <a> 标签，那就错了，真实结果是第一个 <a> 标签和第二个 <a> 标签之间的逗号和换行符。第二个 <a> 标签是逗号的 .next_sibling 属性。运行结果如下：

```
,

<a class="sister" href="http://example.com/lacie" id="link2">Lacie</a>
```

2. .next_siblings 和 .previous_siblings

通过 .next_siblings 和 .previous_siblings 属性可以对当前节点的兄弟节点迭代输出。代码如下：

```
from bs4 import BeautifulSoup

html_doc="""
<html><head><title>The Dormouse's story</title></head>
<body>
<p class="title"><b>The Dormouse's story</b></p>

<p class="story">Once upon a time there were three little sisters; and their
names were
<a href="http://example.com/elsie" class="sister" id="link1">Elsie</a>,
<a href="http://example.com/lacie" class="sister" id="link2">Lacie</a> and
<a href="http://example.com/tillie" class="sister" id="link3">Tillie</a>;
and they lived at the bottom of a well.</p>

<p class="story">...</p>
"""

soup=BeautifulSoup(html_doc, 'lxml')
for siblings in soup.a.next_siblings:
    print(repr(siblings))

print("------------分隔线--------------")

for siblings in soup.find(id='link3').previous_siblings:
   print(repr(siblings))
```

这里调用了两个属性，.next_siblings 和 .previous_siblings 分别返回了所有前面和后面的节点。运行结果如下：

```
',\n'
<a class="sister" href="http://example.com/lacie" id="link2">Lacie</a>
' and\n'
<a class="sister" href="http://example.com/tillie" id="link3">Tillie</a>
';\nand they lived at the bottom of a well.'
------------ 分隔线 --------------
' and\n'
<a class="sister" href="http://example.com/lacie" id="link2">Lacie</a>
',\n'
<a class="sister" href="http://example.com/elsie" id="link1">Elsie</a>
'Once upon a time there were three little sisters; and their names were\n'
```

6.3.4 前后节点

首先看一段代码：

```
<html><head><title>The Dormouse's story</title></head>
<p class="title"><b>The Dormouse's story</b></p>
```

HTML 解析器把这段字符串转换成一连串的事件："打开 <html> 标签""打开一个 <head> 标签""打开一个 <title> 标签""添加一段字符串""关闭 <title> 标签""打开 <p> 标签"，等等。Beautiful Soup 提供了重现解析器初始化过程的方法。

1. .next_element 和 .previous_element

.next_element 属性指向解析过程中下一个被解析的对象（字符串或 Tag），结果可能与 .next_sibling 相同，但通常是不一样的。与 .next_sibling 和 .previous_sibling 不同，它并不是针对于兄弟节点，而是在所有节点，不分层次。例如：

```
from bs4 import BeautifulSoup

html_doc="""
<html><head><title>The Dormouse's story</title></head>
<body>
<p class="title"><b>The Dormouse's story</b></p>

<p class="story">Once upon a time there were three little sisters; and their
names were
<a href="http://example.com/elsie" class="sister" id="link1">Elsie</a>,
<a href="http://example.com/lacie" class="sister" id="link2">Lacie</a> and
<a href="http://example.com/tillie" class="sister" id="link3">Tillie</a>;
and they lived at the bottom of a well.</p>

<p class="story">...</p>
"""

soup=BeautifulSoup(html_doc, 'lxml')
print(soup.title.next_element)
```

运行结果如下：

```
The Dormouse's story
```

可以看到获取到的是 <title> 标签里的字符串，解析器先进入 <title> 标签，然后是字符串 "The Dormouse's story"，然后关闭 </title> 标签。因为 .next_element 是不分层次的，所以字符串会先被解析。

.previous_element属性刚好与.next_element相反，它指向当前被解析的对象的前一个解析对象：

```
from bs4 import BeautifulSoup

html_doc="""
<html><head><title>The Dormouse's story</title></head>
<body>
<p class="title"><b>The Dormouse's story</b></p>

<p class="story">Once upon a time there were three little sisters; and their
names were
<a href="http://example.com/elsie" class="sister" id="link1">Elsie</a>,
<a href="http://example.com/lacie" class="sister" id="link2">Lacie</a> and
<a href="http://example.com/tillie" class="sister" id="link3">Tillie</a>;
and they lived at the bottom of a well.</p>

<p class="story">...</p>
"""

soup=BeautifulSoup(html_doc, 'lxml')
print(soup.p.previous_element.next_element)
```

运行结果如下：

```
<p class="title"><b>The Dormouse's story</b></p>
```

2. .next_elements 和 .previous_elements

通过.next_elements和.previous_elements的迭代器就可以向前或向后访问文档的解析内容，就好像文档正在被解析一样。代码如下：

```
from bs4 import BeautifulSoup

html_doc="""
<html><head><title>The Dormouse's story</title></head>
<body>
<p class="title"><b>The Dormouse's story</b></p>

<p class="story">Once upon a time there were three little sisters; and their
names were
<a href="http://example.com/elsie" class="sister" id="link1">Elsie</a>,
<a href="http://example.com/lacie" class="sister" id="link2">Lacie</a> and
<a href="http://example.com/tillie" class="sister" id="link3">Tillie</a>;
and they lived at the bottom of a well.</p>

<p class="story">...</p>
"""

soup=BeautifulSoup(html_doc, 'lxml')
for element in soup.find("a", id="link3").next_elements:
    print(repr(element))
```

运行结果如下：

```
'Tillie'
';\nand they lived at the bottom of a well.'
```

```
'\n'
<p class="story">...</p>
'...'
'\n'
```

6.3.5 搜索文档树

实际上，网页中有用的信息都存在于网页中的文本或者各种不同标签的属性值，为了能获得这些有用的网页信息，可以通过一些查找方法获取文本或者标签属性。因此，bs4 库内置了很多查找方法，这里着重介绍两个：find() 和 find_all()，其他方法的参数和用法类似。

1. find_all()

find_all() 方法用来查找所有符合查询条件的标签节点，并返回一个列表。find_all() 方法中可以传入一些参数，定义如下：

```
find_all(self,name,attrs ,recursive,text,limit,**kwargs)
```

上述方法中一些重要参数所表示的含义如下：

1）name 参数

name 参数可以查找所有名字为 name 的 Tag，字符串对象会被自动忽略掉。下面是 name 参数的几种情况：

（1）传入字符串：最简单的过滤器是字符串。在搜索方法中传入一个字符串参数，Beautiful Soup 会查找与字符串完整匹配的内容。代码如下：

```
from bs4 import BeautifulSoup

html_doc="""
<html><head><title>The Dormouse's story</title></head>
<body>
<p class="title"><b>The Dormouse's story</b></p>

<p class="story">Once upon a time there were three little sisters; and their names were
<a href="http://example.com/elsie" class="sister" id="link1">Elsie</a>,
<a href="http://example.com/lacie" class="sister" id="link2">Lacie</a> and
<a href="http://example.com/tillie" class="sister" id="link3">Tillie</a>;
and they lived at the bottom of a well.</p>

<p class="story">...</p>
"""

soup=BeautifulSoup(html_doc, 'lxml')
print(soup.find_all('title'))
```

上述示例用于查找文档中所有的 <'title'> 标签。运行结果如下：

```
[<title>The Dormouse's story</title>]
```

（2）传入正则表达式：如果传入正则表达式作为参数，Beautiful Soup 会通过正则表达式的 match() 来匹配内容。首先需要导入 re 模块，代码如下：

```
from bs4 import BeautifulSoup
import re
```

```
html_doc="""
<html><head><title>The Dormouse's story</title></head>
<body>
<p class="title"><b>The Dormouse's story</b></p>

<p class="story">Once upon a time there were three little sisters; and their names were
<a href="http://example.com/elsie" class="sister" id="link1">Elsie</a>,
<a href="http://example.com/lacie" class="sister" id="link2">Lacie</a> and
<a href="http://example.com/tillie" class="sister" id="link3">Tillie</a>;
and they lived at the bottom of a well.</p>

<p class="story">...</p>
"""

soup=BeautifulSoup(html_doc, 'lxml')
for tag in soup.find_all(re.compile("^b")):
    print(tag.name)
```

运行结果如下：

```
body
b
```

上面的代码中通过正则表达式“^b”找出所有以 b 开头的标签。

（3）传入列表：如果传入列表参数，Beautiful Soup 会将与列表中任一元素匹配的内容返回。代码如下：

```
from bs4 import BeautifulSoup

html_doc="""
<html><head><title>The Dormouse's story</title></head>
<body>
<p class="title"><b>The Dormouse's story</b></p>

<p class="story">Once upon a time there were three little sisters; and their names were
<a href="http://example.com/elsie" class="sister" id="link1">Elsie</a>,
<a href="http://example.com/lacie" class="sister" id="link2">Lacie</a> and
<a href="http://example.com/tillie" class="sister" id="link3">Tillie</a>;
and they lived at the bottom of a well.</p>

<p class="story">...</p>
"""

soup=BeautifulSoup(html_doc, 'lxml')
print(soup.find_all(['a', 'b']))
```

上面的代码找出文档中所有的 <a> 标签和 <b> 标签。运行结果如下：

```
[<b>The Dormouse's story</b>, <a class="sister" href="http://example.com/elsie" id="link1">Elsie</a>, <a class="sister" href="http://example.com/lacie" id="link2">Lacie</a>, <a class="sister" href="http://example.com/tillie" id="link3">Tillie</a>]
```

（4）传 True：True 可以匹配任何值，下面代码查找到所有的 Tag，但是不会返回字符串节点。代码如下：

```
from bs4 import BeautifulSoup

html_doc="""
<html><head><title>The Dormouse's story</title></head>
<body>
<p class="title"><b>The Dormouse's story</b></p>

<p class="story">Once upon a time there were three little sisters; and their
names were
<a href="http://example.com/elsie" class="sister" id="link1">Elsie</a>,
<a href="http://example.com/lacie" class="sister" id="link2">Lacie</a> and
<a href="http://example.com/tillie" class="sister" id="link3">Tillie</a>;
and they lived at the bottom of a well.</p>

<p class="story">...</p>
"""

soup=BeautifulSoup(html_doc, 'lxml')
for tag in soup.find_all(True):
    print(tag.name)
```

运行结果如下：

```
html
head
title
body
p
b
p
a
a
a
p
```

（5）传入方法：如果没有合适的过滤器，还可以定义一个方法，方法只接收一个元素参数，如果这个方法返回 True 表示当前元素匹配并且被找到，如果不是则反回 False。代码如下：

```
from bs4 import BeautifulSoup

html_doc="""
<html><head><title>The Dormouse's story</title></head>
<body>
<p class="title"><b>The Dormouse's story</b></p>

<p class="story">Once upon a time there were three little sisters; and their
names were
<a href="http://example.com/elsie" class="sister" id="link1">Elsie</a>,
<a href="http://example.com/lacie" class="sister" id="link2">Lacie</a> and
<a href="http://example.com/tillie" class="sister" id="link3">Tillie</a>;
and they lived at the bottom of a well.</p>
```

```
<p class="story">...</p>
"""

soup=BeautifulSoup(html_doc, 'lxml')


def has_class_but_no_id(tag):
    return tag.has_attr('class') and not tag.has_attr('id')


print(soup.find_all(has_class_but_no_id))
```

在上面的代码中将 has_class_but_no_id 方法作为参数传入 find_all() 方法，将得到所有 <p> 标签。运行结果如下：

```
[<p class="title"><b>The Dormouse's story</b></p>, <p class="story">Once upon a time there were three little sisters; and their names were
<a class="sister" href="http://example.com/elsie" id="link1">Elsie</a>,
<a class="sister" href="http://example.com/lacie" id="link2">Lacie</a> and
<a class="sister" href="http://example.com/tillie" id="link3">Tillie</a>;
```

返回结果中只有 <p> 标签没有 <a> 标签，因为 <a> 标签还定义了 id，没有返回 <html> 和 <head>，因为 <html> 和 <head> 中没有定义 class 属性。

2）attrs 参数

如果某个指定名字的参数不是搜索方法中内置的参数名，在进行搜索时，会把该参数当作指定名称的标签中的属性来搜索。在下面的示例中，在 find_all() 方法中传入名称为 id 的参数，这时 BeautifulSoup 对象会搜索每个标签的 id 属性。代码如下：

```
from bs4 import BeautifulSoup

html_doc="""
<html><head><title>The Dormouse's story</title></head>
<body>
<p class="title"><b>The Dormouse's story</b></p>

<p class="story">Once upon a time there were three little sisters; and their names were
<a href="http://example.com/elsie" class="sister" id="link1">Elsie</a>,
<a href="http://example.com/lacie" class="sister" id="link2">Lacie</a> and
<a href="http://example.com/tillie" class="sister" id="link3">Tillie</a>;
and they lived at the bottom of a well.</p>

<p class="story">...</p>
"""

soup=BeautifulSoup(html_doc, 'lxml')
print(soup.find_all(id='link1'))
```

运行结果如下：

```
[<a class="sister" href="http://example.com/elsie" id="link1">Elsie</a>]
```

若传入多个指定名字的参数，则可以同时过滤出标签中的多个属性。在下面的示例中，既可以搜索每个标签的 id 属性，同时又可以搜索 href 属性。

```
from bs4 import BeautifulSoup
import re

html_doc="""
<html><head><title>The Dormouse's story</title></head>
<body>
<p class="title"><b>The Dormouse's story</b></p>

<p class="story">Once upon a time there were three little sisters; and their names were
<a href="http://example.com/elsie" class="sister" id="link1">Elsie</a>,
<a href="http://example.com/lacie" class="sister" id="link2">Lacie</a> and
<a href="http://example.com/tillie" class="sister" id="link3">Tillie</a>;
and they lived at the bottom of a well.</p>

<p class="story">...</p>
"""

soup=BeautifulSoup(html_doc, 'lxml')
print(soup.find_all(href=re.compile('elsie'), id='link1'))
```

运行结果如下：

```
[<a class="sister" href="http://example.com/elsie" id="link1">Elsie</a>]
```

但是，有些标签的属性名称是不能使用的，例如 HTML5 中的“data-”属性，在程序中使用时，会出现 SyntaxError 异常信息。这时，可以通过 find_all() 方法的 attrs 参数传入一个字典来搜索包含特殊属性的标签。例如：

```
from bs4 import BeautifulSoup


html_doc="""
<div data-foo="value">foo! </div>
"""

soup=BeautifulSoup(html_doc, 'lxml')
print(soup.find_all(attrs={'data-foo':'value'}))
```

运行结果如下：

```
[<div data-foo="value">foo! </div>]
```

3）text 参数

通过在 find.all() 方法中传入 text 参数，可以搜索文档中的字符串内容。与 name 参数的可选值一样，text 参数也可以接收字符串、正则表达式、列表、True。代码如下：

```
from bs4 import BeautifulSoup
import re

html_doc="""
<html><head><title>The Dormouse's story</title></head>
<body>
```

```
    <p class="title"><b>The Dormouse's story</b></p>

    <p class="story">Once upon a time there were three little sisters; and their
names were
    <a href="http://example.com/elsie" class="sister" id="link1">Elsie</a>,
    <a href="http://example.com/lacie" class="sister" id="link2">Lacie</a> and
    <a href="http://example.com/tillie" class="sister" id="link3">Tillie</a>;
    and they lived at the bottom of a well.</p>

    <p class="story">...</p>
    """

    soup=BeautifulSoup(html_doc, 'lxml')
    print(soup.find_all(text='Elsie'))
    print(soup.find_all(text=['Tillie', 'Elsie', 'Lacie']))
    print(soup.find_all(text=re.compile("Dormouse")))
```

运行结果如下：

```
    ['Elsie']
    ['Elsie', 'Lacie', 'Tillie']
    ["The Dormouse's story", "The Dormouse's story"]
```

4）limit 参数

find_all() 方法返回全部的搜索结果，如果文档树很大，搜索会很慢。如果不需要全部结果，可以使用 limit 参数限制返回结果的数量。效果与 SQL 中的 limit 关键字类似，当搜索到的结果数量达到 limit 的限制时，就停止搜索返回结果。代码如下：

```
    from bs4 import BeautifulSoup

    html_doc="""
    <html><head><title>The Dormouse's story</title></head>
    <body>
    <p class="title"><b>The Dormouse's story</b></p>

    <p class="story">Once upon a time there were three little sisters; and their
names were
    <a href="http://example.com/elsie" class="sister" id="link1">Elsie</a>,
    <a href="http://example.com/lacie" class="sister" id="link2">Lacie</a> and
    <a href="http://example.com/tillie" class="sister" id="link3">Tillie</a>;
    and they lived at the bottom of a well.</p>

    <p class="story">...</p>
    """

    soup=BeautifulSoup(html_doc, 'lxml')
    print(soup.find_all('a', limit=2))
```

运行结果如下：

```
    [<a class="sister" href="http://example.com/elsie" id="link1">Elsie</a>, <a
class="sister" href="http://example.com/lacie" id="link2">Lacie</a>]
```

可以看到，文档树中有是三个 Tag 符合要求，但是结果只返回了其中的两个，这是因为限制了返回的结果数量。

5）recursive 参数

在调用 tag 的 find_all() 方法时，Beautiful Soup 会检索当前 Tag 的所有子节点，如果只想搜索 Tag 的直接子节点，可以使用参数 recursive=False。代码如下：

```
from bs4 import BeautifulSoup

html_doc="""
<html><head><title>The Dormouse's story</title></head>
<body>
<p class="title"><b>The Dormouse's story</b></p>

<p class="story">Once upon a time there were three little sisters; and their
names were
<a href="http://example.com/elsie" class="sister" id="link1">Elsie</a>,
<a href="http://example.com/lacie" class="sister" id="link2">Lacie</a> and
<a href="http://example.com/tillie" class="sister" id="link3">Tillie</a>;
and they lived at the bottom of a well.</p>

<p class="story">...</p>
"""

soup=BeautifulSoup(html_doc, 'lxml')
print(soup.find_all('title'))
print(soup.find_all('title', recursive=False))
```

运行结果如下：

```
[<title>The Dormouse's story</title>]
[]
```

2. find(name,attrs,recursive,text,**kwargs)

find_all() 方法将返回文档中符合条件的所有 Tag，比如，文档中只有一个 <body> 标签，那么使用 find_all() 方法来查找 <body> 标签就不太合适，使用 find_all 方法并设置 limit=1 参数不如直接使用 find() 方法。例如：

```
from bs4 import BeautifulSoup

html_doc="""
<html><head><title>The Dormouse's story</title></head>
<body>
<p class="title"><b>The Dormouse's story</b></p>

<p class="story">Once upon a time there were three little sisters; and their
names were
<a href="http://example.com/elsie" class="sister" id="link1">Elsie</a>,
<a href="http://example.com/lacie" class="sister" id="link2">Lacie</a> and
<a href="http://example.com/tillie" class="sister" id="link3">Tillie</a>;
and they lived at the bottom of a well.</p>

<p class="story">...</p>
"""
```

```
soup=BeautifulSoup(html_doc, 'lxml')
print(soup.find_all('title', limit=1))
print(soup.find('title'))
```

运行结果如下：

```
[<title>The Dormouse's story</title>]
<title>The Dormouse's story</title>
```

可以看到两种方法的效果是一样的，唯一的区别是 find_all() 方法的返回结果是只包含一个元素的列表，而 find() 方法直接返回结果。

find_all() 方法没有找到目标时返回空列表，find() 方法找不到目标时，返回 None。例如：

```
from bs4 import BeautifulSoup

html_doc="""
<html><head><title>The Dormouse's story</title></head>
<body>
<p class="title"><b>The Dormouse's story</b></p>

<p class="story">Once upon a time there were three little sisters; and their
names were
<a href="http://example.com/elsie" class="sister" id="link1">Elsie</a>,
<a href="http://example.com/lacie" class="sister" id="link2">Lacie</a> and
<a href="http://example.com/tillie" class="sister" id="link3">Tillie</a>;
and they lived at the bottom of a well.</p>

<p class="story">...</p>
"""

soup=BeautifulSoup(html_doc, 'lxml')
print(soup.find('nosuchtag'))
```

运行结果如下：

```
None
```

3. find_parents() 和 find_parent()

除了 find_all() 和 find() 方法，Beautiful Soup 中还有 10 个用于搜索的 API。它们中的五个用的是与 find_all() 相同的搜索参数，另外五个与 find() 方法的搜索参数类似。区别仅是它们搜索文档的不同部分。

find_all() 和 find() 只搜索当前节点的所有子节点、孙子节点等。find_parents() 和 find_parent() 用来搜索当前节点的父节点，搜索方法与普通 Tag 的搜索方法相同。

4. find_next_siblings() 和 find_next_sibling()

这两个方法通过 .next_siblings 属性对当前 Tag 的所有后面解析的兄弟 Tag 节点进行迭代，find_next_siblings() 方法返回所有符合条件的后面的兄弟节点，find_next_sibling() 只返回符合条件的后面的第一个 Tag 节点。代码如下：

```
from bs4 import BeautifulSoup

html_doc="""
<html><head><title>The Dormouse's story</title></head>
```

```
<body>
<p class="title"><b>The Dormouse's story</b></p>

<p class="story">Once upon a time there were three little sisters; and their
names were
<a href="http://example.com/elsie" class="sister" id="link1">Elsie</a>,
<a href="http://example.com/lacie" class="sister" id="link2">Lacie</a> and
<a href="http://example.com/tillie" class="sister" id="link3">Tillie</a>;
and they lived at the bottom of a well.</p>

<p class="story">...</p>
"""

soup=BeautifulSoup(html_doc, 'lxml')
print(soup.a.find_next_siblings('a'))
print(soup.find("p", "story").find_next_sibling('p'))
```

结果如下：

```
[<a class="sister" href="http://example.com/lacie" id="link2">Lacie</a>, <a
class="sister" href="http://example.com/tillie" id="link3">Tillie</a>]
[<p class="story">...</p>]
```

5. find_previous_siblings() 和 find_previous_sibling()

这两个方法通过 .previous_siblings 属性对当前 Tag 的前面解析的兄弟 Tag 节点进行迭代。find_previous_siblings() 方法返回所有符合条件的前面的兄弟节点，find_previous_sibling() 方法返回第一个符合条件的前面的兄弟节点。

代码如下：

```
from bs4 import BeautifulSoup

html_doc="""
<html><head><title>The Dormouse's story</title></head>
<body>
<p class="title"><b>The Dormouse's story</b></p>

<p class="story">Once upon a time there were three little sisters; and their
names were
<a href="http://example.com/elsie" class="sister" id="link1">Elsie</a>,
<a href="http://example.com/lacie" class="sister" id="link2">Lacie</a> and
<a href="http://example.com/tillie" class="sister" id="link3">Tillie</a>;
and they lived at the bottom of a well.</p>

<p class="story">...</p>
"""

soup=BeautifulSoup(html_doc, 'lxml')
print(soup.find('a', id="link2").find_previous_siblings("a"))
print(soup.find("p", "story").find_previous_sibling("p"))
```

运行结果如下：

```
[<a class="sister" href="http://example.com/elsie" id="link1">Elsie</a>]
```

```
<p class="title"><b>The Dormouse's story</b></p>
```

6. find_all_next() 和 find_next()

这两个方法通过 .next_elements 属性对当前 Tag 的之后的 Tag 和字符串进行迭代，find_all_next() 方法返回所有符合条件的节点，find_next() 方法返回第一个符合条件的节点。

代码如下：

```
from bs4 import BeautifulSoup

html_doc="""
<html><head><title>The Dormouse's story</title></head>
<body>
<p class="title"><b>The Dormouse's story</b></p>

<p class="story">Once upon a time there were three little sisters; and their
names were
<a href="http://example.com/elsie" class="sister" id="link1">Elsie</a>,
<a href="http://example.com/lacie" class="sister" id="link2">Lacie</a> and
<a href="http://example.com/tillie" class="sister" id="link3">Tillie</a>;
and they lived at the bottom of a well.</p>

<p class="story">...</p>
"""

soup=BeautifulSoup(html_doc, 'lxml')
print(soup.a.find_all_next(string=True))
print(soup.a.find_next('p'))
```

运行结果如下：

```
['Elsie', ',\n', 'Lacie', ' and\n', 'Tillie', ';\nand they lived at the bottom
of a well.', '\n', '...', '\n']
<p class="story">...</p>
```

7. find_all_previous() 和 find_previous()

这两个方法通过 .previous_elements 属性对当前节点前面的 Tag 和字符串进行迭代，find_all_previous() 方法返回所有符合条件的节点，find_previous() 方法返回第一个符合条件的节点。

代码如下：

```
from bs4 import BeautifulSoup

html_doc="""
<html><head><title>The Dormouse's story</title></head>
<body>
<p class="title"><b>The Dormouse's story</b></p>

<p class="story">Once upon a time there were three little sisters; and their
names were
<a href="http://example.com/elsie" class="sister" id="link1">Elsie</a>,
<a href="http://example.com/lacie" class="sister" id="link2">Lacie</a> and
<a href="http://example.com/tillie" class="sister" id="link3">Tillie</a>;
and they lived at the bottom of a well.</p>
```

```
    <p class="story">...</p>
    """

    soup=BeautifulSoup(html_doc, 'lxml')
    print(soup.a.find_all_previous('p'))
    print(soup.a.find_previous('title'))
```

运行结果如下：

```
    [<p class="story">Once upon a time there were three little sisters; and their
names were
    <a class="sister" href="http://example.com/elsie" id="link1">Elsie</a>,
    <a class="sister" href="http://example.com/lacie" id="link2">Lacie</a> and
    <a class="sister" href="http://example.com/tillie" id="link3">Tillie</a>;
    and they lived at the bottom of a well.</p>, <p class="title"><b>The Dormouse's
story</b></p>]
    <title>The Dormouse's story</title>
```

find_all_previous('p') 返回了文档中的第一段 (class="title" 的那段)，但还返回了第二段，<p> 标签包含了开始查找的 <a> 标签。这段代码的功能是查找所有出现在指定 <a> 标签之前的 <p> 标签，因为这个 <p> 标签包含了开始的 <a> 标签，所以 <p> 标签一定是在 <a> 之前出现的。

6.3.6 CSS 选择器

除了 bs4 库提供的操作方法以外，还可以使用 CSS 选择器进行查找。CSS（Cascading Style Sheets，层叠样式表）是一种用来表现 HTML 或 XML 等文件样式的计算机语言，它不仅可以静态地修饰网页，而且可以配合各种脚本语言动态地对网页各元素进行格式化。要想使用 CSS 对 HTML 页面中的元素实现一对一、一对多或多对一的控制，需要用到 CSS 选择器。

每一条 CSS 样式定义均由两部分组成，形式如下：

```
    [code] 选择器 {样式} [/code]
```

其中，在 {} 之前的部分就是选择器。选择器指明了 {} 中样式的作用对象，也就是样式作用于网页中的哪些元素。

为了使用 CSS 选择器达到筛选节点的目的，在 bs4 库的 BeautifulSoup 类中提供了一个 select() 方法，该方法会将搜索到的结果放到列表中。

1. 通过标签名查找

代码如下：

```
    from bs4 import BeautifulSoup

    html_doc="""
    <html><head><title>The Dormouse's story</title></head>
    <body>
    <p class="title"><b>The Dormouse's story</b></p>

    <p class="story">Once upon a time there were three little sisters; and their
names were
    <a href="http://example.com/elsie" class="sister" id="link1">Elsie</a>,
    <a href="http://example.com/lacie" class="sister" id="link2">Lacie</a> and
    <a href="http://example.com/tillie" class="sister" id="link3">Tillie</a>;
    and they lived at the bottom of a well.</p>
```

```
<p class="story">...</p>
"""

soup=BeautifulSoup(html_doc, 'lxml')
print(soup.select('title'))
```

运行结果如下：

```
[<title>The Dormouse's story</title>]
```

2. 通过类名查找

在编写 CSS 时，需要在类名的前面加上“.”例如，查找类名为 sister 的标签。代码如下：

```
from bs4 import BeautifulSoup

html_doc="""
<html><head><title>The Dormouse's story</title></head>
<body>
<p class="title"><b>The Dormouse's story</b></p>

<p class="story">Once upon a time there were three little sisters; and their
names were
<a href="http://example.com/elsie" class="sister" id="link1">Elsie</a>,
<a href="http://example.com/lacie" class="sister" id="link2">Lacie</a> and
<a href="http://example.com/tillie" class="sister" id="link3">Tillie</a>;
and they lived at the bottom of a well.</p>

<p class="story">...</p>
"""

soup=BeautifulSoup(html_doc, 'lxml')
print(soup.select('.sister'))
```

运行结果如下：

```
[<a class="sister" href="http://example.com/elsie" id="link1">Elsie</a>,
<a class="sister" href="http://example.com/lacie" id="link2">Lacie</a>, <a
class="sister" href="http://example.com/tillie" id="link3">Tillie</a>]
```

3. 通过 id 名查找

在编写 CSS 时，需要在 id 名称的前面加上“#”，例如，查找 id 名为 link1 的标签。代码如下：

```
from bs4 import BeautifulSoup

html_doc="""
<html><head><title>The Dormouse's story</title></head>
<body>
<p class="title"><b>The Dormouse's story</b></p>

<p class="story">Once upon a time there were three little sisters; and their
names were
<a href="http://example.com/elsie" class="sister" id="link1">Elsie</a>,
<a href="http://example.com/lacie" class="sister" id="link2">Lacie</a> and
<a href="http://example.com/tillie" class="sister" id="link3">Tillie</a>;
and they lived at the bottom of a well.</p>
```

```
<p class="story">...</p>
"""

soup=BeautifulSoup(html_doc, 'lxml')
print(soup.select('#link1'))
```

运行结果如下：

```
[<a class="sister" href="http://example.com/elsie" id="link1">Elsie</a>]
```

4. 组合查找

组合查找即写 class 文件时，标签名与类名、id 名进行的组合原理是一样的。例如，查找 p 标签中，id 等于 link1 的内容，二者需要用空格分开。代码如下：

```
from bs4 import BeautifulSoup

html_doc="""
<html><head><title>The Dormouse's story</title></head>
<body>
<p class="title"><b>The Dormouse's story</b></p>

<p class="story">Once upon a time there were three little sisters; and their names were
<a href="http://example.com/elsie" class="sister" id="link1">Elsie</a>,
<a href="http://example.com/lacie" class="sister" id="link2">Lacie</a> and
<a href="http://example.com/tillie" class="sister" id="link3">Tillie</a>;
and they lived at the bottom of a well.</p>

<p class="story">...</p>
"""

soup=BeautifulSoup(html_doc, 'lxml')
print(soup.select('p #link1'))
```

运行结果如下：

```
[<a class="sister" href="http://example.com/elsie" id="link1">Elsie</a>]
```

还可以查找某个 Tag 标签下的直接子标签。代码如下：

```
from bs4 import BeautifulSoup

html_doc="""
<html><head><title>The Dormouse's story</title></head>
<body>
<p class="title"><b>The Dormouse's story</b></p>

<p class="story">Once upon a time there were three little sisters; and their names were
<a href="http://example.com/elsie" class="sister" id="link1">Elsie</a>,
<a href="http://example.com/lacie" class="sister" id="link2">Lacie</a> and
<a href="http://example.com/tillie" class="sister" id="link3">Tillie</a>;
and they lived at the bottom of a well.</p>

<p class="story">...</p>
```

```
"""

soup=BeautifulSoup(html_doc, 'lxml')
print(soup.select('head > title'))
```

运行结果如下：

```
[<title>The Dormouse's story</title>]
```

5. 属性查找

查找时还可以加入属性元素，属性需要用中括号括起来，注意属性和标签属于同一节点，所以中间不能加空格，否则会无法匹配到。代码如下：

```
from bs4 import BeautifulSoup

html_doc="""
<html><head><title>The Dormouse's story</title></head>
<body>
<p class="title"><b>The Dormouse's story</b></p>

<p class="story">Once upon a time there were three little sisters; and their
names were
<a href="http://example.com/elsie" class="sister" id="link1">Elsie</a>,
<a href="http://example.com/lacie" class="sister" id="link2">Lacie</a> and
<a href="http://example.com/tillie" class="sister" id="link3">Tillie</a>;
and they lived at the bottom of a well.</p>

<p class="story">...</p>
"""

soup=BeautifulSoup(html_doc, 'lxml')
print(soup.select('a[class=sister]'))
print(soup.select('a[href="http://example.com/elsie"]'))
```

运行结果如下：

```
[<a class="sister" href="http://example.com/elsie" id="link1">Elsie</a>,
<a class="sister" href="http://example.com/lacie" id="link2">Lacie</a>, <a
class="sister" href="http://example.com/tillie" id="link3">Tillie</a>]
[<a class="sister" href="http://example.com/elsie" id="link1">Elsie</a>]
```

同样，属性仍然可以与上述查找方式组合，不在同一节点的用空格隔开，在同一节点的不加空格。代码如下：

```
from bs4 import BeautifulSoup

html_doc="""
<html><head><title>The Dormouse's story</title></head>
<body>
<p class="title"><b>The Dormouse's story</b></p>

<p class="story">Once upon a time there were three little sisters; and their
names were
<a href="http://example.com/elsie" class="sister" id="link1">Elsie</a>,
<a href="http://example.com/lacie" class="sister" id="link2">Lacie</a> and
```

```
<a href="http://example.com/tillie" class="sister" id="link3">Tillie</a>;
and they lived at the bottom of a well.</p>

<p class="story">...</p>
"""

soup=BeautifulSoup(html_doc, 'lxml')
print(soup.select('p a[href="http://example.com/elsie"]'))
```

运行结果如下：

```
[<a class="sister" href="http://example.com/elsie" id="link1">Elsie</a>]
```

以上的 select 方法返回的结果都是列表形式，可以遍历形式输出，然后用 get_text() 方法来获取它的内容。代码如下：

```
from bs4 import BeautifulSoup

html_doc = """
<html><head><title>The Dormouse's story</title></head>
<body>
<p class="title"><b>The Dormouse's story</b></p>

<p class="story">Once upon a time there were three little sisters; and their
names were
<a href="http://example.com/elsie" class="sister" id="link1">Elsie</a>,
<a href="http://example.com/lacie" class="sister" id="link2">Lacie</a> and
<a href="http://example.com/tillie" class="sister" id="link3">Tillie</a>;
and they lived at the bottom of a well.</p>

<p class="story">...</p>
"""

soup = BeautifulSoup(html_doc, 'lxml')
print(type(soup.select('title')))
print(soup.select('title')[0].get_text())
for title in soup.select('title'):
    print(title.get_text)
```

运行结果如下：

```
<class 'list'>
The Dormouse's story
<bound method Tag.get_text of <title>The Dormouse's story</title>>
```

第7章

动态页面爬取

在前面的章节中，爬取的都是静态网页，在很多网站中，网页数据的加载都是动态的，那么之前的方法就不够用了。要爬取这些网页上的数据，可以采用 selenium 和 PhantomJS 来完成这一操作。

7.1 动态网页介绍

动态网页是指跟静态网页相对的一种网页编程技术。静态网页随着 HTML 代码的生成，页面的内容和显示效果就基本上不会发生变化——除非修改页面代码。而动态网页则不然，页面代码虽然没有变，但是显示的内容却是可以随着时间、环境或者数据库操作的结果而发生改变的。

视频

动态网页

与单页面应用的简单表单事件不同，使用 JavaScript 时，不再是加载后立即下载页面的全部内容。这种架构会造成许多网页在浏览器中展示的内容可能不会出现在 HTML 源代码中。要想爬取这些网页上的数据，可以使用 Selenium 工具和 PhantomJS 浏览器相结合的技术。

总之，动态网页是基本的 HTML 语法规范与 Java、VB、VC 等高级程序设计语言、数据库编程等多种技术的融合，以期实现对网站内容和风格的高效、动态和交互式管理。因此，从这个意义上来讲，凡是结合了 HTML 以外的高级程序设计语言和数据库技术进行的网页编程技术生成的网页都是动态网页。

下面介绍动态网页上使用的技术。

7.1.1 JavaScript

JavaScript（简称 JS）是一种具有函数优先的轻量级、解释型或即时编译型的编程语言。虽然它是作为开发 Web 页面的脚本语言而出名，但是它也被用到了很多非浏览器环境中。JavaScript 是基于原型编程的、多范式的动态脚本语言，并且支持面向对象、命令式和声明式（如函数式编程）风格。

JavaScript 可以在网页源代码的 <script> 标签里看到。例如：

```
<script type="text/javascript" src="https://ss1.bdstatic.com/5eN1bjq8AAUYm2zgoY3K/
r/www/cache/static/protocol/https/bundles/polyfill_9354efa.js"></script>
```

7.1.2 jQuery

jQuery 于 2006 年 1 月由 John Resig 发布，是一个快速、简洁的 JavaScript 框架，是继 Prototype 之后又一个优秀的 JavaScript 代码库（框架）。jQuery 设计的宗旨是“write Less，Do More”，即倡导写更少的代码，做更多的事情。它封装 JavaScript 常用的功能代码，提供一种简便的 JavaScript 设计模式，优化 HTML 文档操作、事件处理、动画设计和 Ajax 交互。

70% 最流行的网站（约 200 万）和约 30% 的其他网站（约 2 亿）都在使用。一个网站使用 jQuery 的特征，就是源代码里包含了 jQuery 入口。例如：

```
<script type="text/javascript" src="https://dss0.bdstatic.com/5aV1bjqh_Q23odCf/
static/superman/js/lib/jquery-1-edb203c114.10.2.js"></script>
```

如果在一个网站上看到了 jQuery，那么采集这个网站数据的时候要格外小心。jQuery 可以动态地创建 HTML 内容，只有在 JavaScript 代码执行之后才会显示。如果用传统的方法采集页面内容，就只能获得 JavaScript 代码执行之前页面上的内容。

7.1.3 AJAX

到目前为止，用户与网站服务器通信的唯一方式，就是发出 HTTP 请求获取新页面。如果提交表单之后，或从服务器获取信息之后，网站的页面不需要重新刷新，那么正在访问的网站用的就是 AJAX 技术。

7.1.4 DHTML

视频

静态网页与动态网页

DHTML（Dynamic HTML）是动态的 HTML（标准通用标记语言下的一个应用），是相对传统的静态的 HTML 而言的一种制作网页的概念。DHTML 其实并不是一门新的语言，它只是 HTML、CSS 和客户端脚本的一种集成，即一个页面中包括 HTML+CSS+JavaScript（或其他客户端脚本），其中 CSS 和客户端脚本是直接在页面上写而不是链接上相关文件。DHTML 不是一种技术、标准或规范，只是一种将目前已有的网页技术、语言标准整合运用，制作出能在下载后仍然能实时变换页面元素效果的网页设计概念。

另外，有些使用了交互 HTML 组件、图像，可以移动或者带有嵌入式媒体文件的网页，并不一定就是动态 HTML。网页是否属于 DHTML，关键要看有没有 JavaScript 控制 HTML 和 CSS 元素。

那些使用了 AJAX 和 DHTML 技术改变或加载内容的页面，可能有一些采集手段。但是，用 Python 解决这个问题只有两种途径：

（1）直接从 JavaScript 代码中采集内容。

（2）用 Python 的第三方库运行 JavaScript，直接采集在浏览器中看到的页面。

7.2 安装 Selenium 和 PhantomJS 模块

1. Selenium

Selenium 是一个 Web 的自动化测试工具，其最初是为网站自动化测试而开发的，利用它可以驱动浏览器执行特定的动作，如点击、下拉等操作，同时还可以获取浏览器当前呈现的页面的源代码，做到可见即可爬。对于一些 JavaScript 动态渲染的页面来说，此种爬取方式非常有效。

近几年，Selenium 还被广泛用于获取精确的网站快照，因为它们可以直接运行在浏览器上。Selenium 可以让浏览器自动加载页面，获取需要的数据，甚至页面截屏，或者判断网站上某些动作是否发生。

Selenium 自己不带浏览器，它需要与第三方浏览器结合在一起使用。但是，用户有时需要让它内嵌在代码中运行，此时，可以用 PhantomJS 代替真实的浏览器。

Selenium 官方参考文档地址是 https://selenium-python.readthedocs.io/index.html。

2. PhantomJS

PhantomJS 是一个基于 webkit 的 JavaScript API。它使用 QtWebKit 作为其核心浏览器的功能，使用 webkit 来编译解释执行 JavaScript 代码。任何可以在基于 webkit 浏览器做的事情，它都能做到。它不仅是个隐形的浏览器，还提供了 CSS 选择器、Web 标准、DOM 操作、JSON、HTML5、Canvas、SVG 等，同时也提供了处理文件 I/O 的操作，从而使你可以向操作系统读写文件等。PhantomJS 的用处非常广泛，如网络监测、网页截屏、无须浏览器的 Web 测试、页面访问自动化等。

如果把 Selenium 和 PhantomJS 结合在一起，就可以运行一个非常强大的网络爬虫。这个爬虫可以处理 JavaScript、Cookie、headers，以及任何真实用户需要做的事情。

PhantomJS 是一个功能完善（虽然无界面）的浏览器，而不是一个 Python 库，因此它不需要像 Python 的其他库一样，但可以通过 Selenium 调用 PhantomJS 直接使用。

PhantomJS 官方参考文档地址是 https://phantomjs.org/documentation/。

7.2.1 Selenium 下载安装

Selenium 的下载安装有两种方式：

第一种是手动从 PyPI 网站下载 selenium 库然后安装。下载地址是 https://pypi.org/simple/selenium/，如图 7-1 所示。

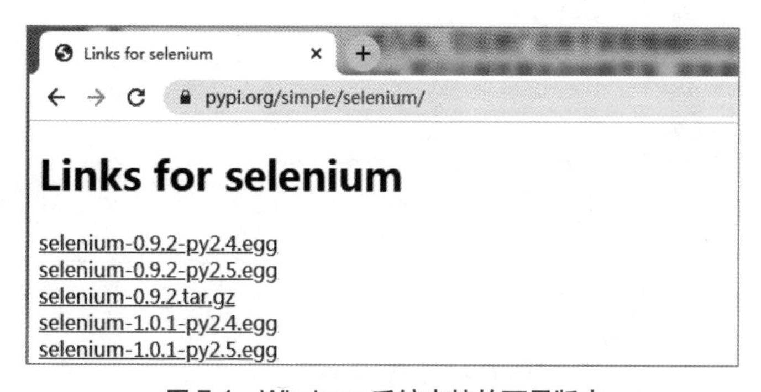

图 7-1　Windows 系统支持的可用版本

下载 selenium-2.21.2.tar.gz 版安装包到本地，然后解压缩。

找到解压后的 setup.py 文件所在的目录，使用以下命令安装即可。

```
python setup.py install
```

执行结果如图 7-2 所示。

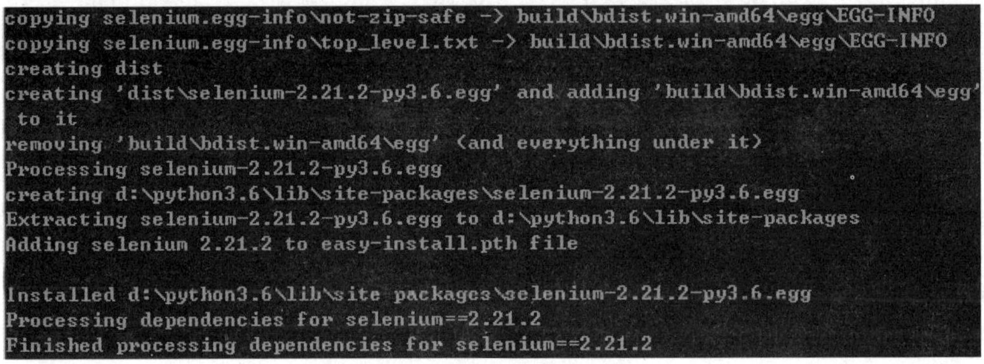

```
copying selenium.egg-info\not-zip-safe -> build\bdist.win-amd64\egg\EGG-INFO
copying selenium.egg-info\top_level.txt -> build\bdist.win-amd64\egg\EGG-INFO
creating dist
creating 'dist\selenium-2.21.2-py3.6.egg' and adding 'build\bdist.win-amd64\egg'
 to it
removing 'build\bdist.win-amd64\egg' (and everything under it)
Processing selenium-2.21.2-py3.6.egg
creating d:\python3.6\lib\site-packages\selenium-2.21.2-py3.6.egg
Extracting selenium-2.21.2-py3.6.egg to d:\python3.6\lib\site-packages
Adding selenium 2.21.2 to easy-install.pth file

Installed d:\python3.6\lib\site packages\selenium-2.21.2-py3.6.egg
Processing dependencies for selenium==2.21.2
Finished processing dependencies for selenium==2.21.2
```

图 7-2　Windows 安装 Selenium

第二种方式是直接使用第三方管理器 pip 命令自动安装。例如，在 Windows 终端输入以下命令即可：

```
pip install selenium
```

7.2.2　PhantomJS 下载安装

输入网址 https://bitbucket.org/ariya/phantomjs/downloads/，可以看到 PhantomJS 的官网下载页面，选择与自己系统相对应的版本进行下载，例如，单机对应 Windows 系统的 phantomjs-2.1.1-windows.zip 进行下载，如图 7-3 所示。

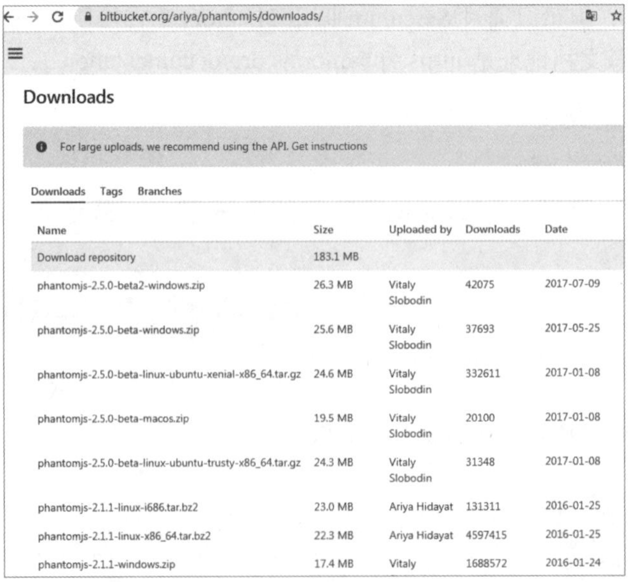

bitbucket.org/ariya/phantomjs/downloads/

Downloads

For large uploads, we recommend using the API. Get instructions

Downloads　Tags　Branches

Name	Size	Uploaded by	Downloads	Date
Download repository	183.1 MB			
phantomjs-2.5.0-beta2-windows.zip	26.3 MB	Vitaly Slobodin	42075	2017-07-09
phantomjs-2.5.0-beta-windows.zip	25.6 MB	Vitaly Slobodin	37693	2017-05-25
phantomjs-2.5.0-beta-linux-ubuntu-xenial-x86_64.tar.gz	24.6 MB	Vitaly Slobodin	332611	2017-01-08
phantomjs-2.5.0-beta-macos.zip	19.5 MB	Vitaly Slobodin	20100	2017-01-08
phantomjs-2.5.0-beta-linux-ubuntu-trusty-x86_64.tar.gz	24.3 MB	Vitaly Slobodin	31348	2017-01-08
phantomjs-2.1.1-linux-i686.tar.bz2	23.0 MB	Ariya Hidayat	131311	2016-01-25
phantomjs-2.1.1-linux-x86_64.tar.bz2	22.3 MB	Ariya Hidayat	4597415	2016-01-25
phantomjs-2.1.1-windows.zip	17.4 MB	Vitaly	1688572	2016-01-24

图 7-3　下载 PhantomJS

下载完成后，解压压缩包。由于 PhantomJS 路径没有添加到系统路径中，每次编写代码都要显示的指定 phantomjs.exe 文件所在的目录，这种方式使用起来比较麻烦。此时，可以将 PhantomJS 添加到环境变量中，这样就不用在代码中指定 phantomjs.exe 文件的位置。

操作步骤如下：

（1）右击“计算机”图标，选择“属性”→“高级系统设置”，进入“系统属性”对话框。然后单击“高级”选项卡中的“环境变量”按钮，如图 7-4 所示。

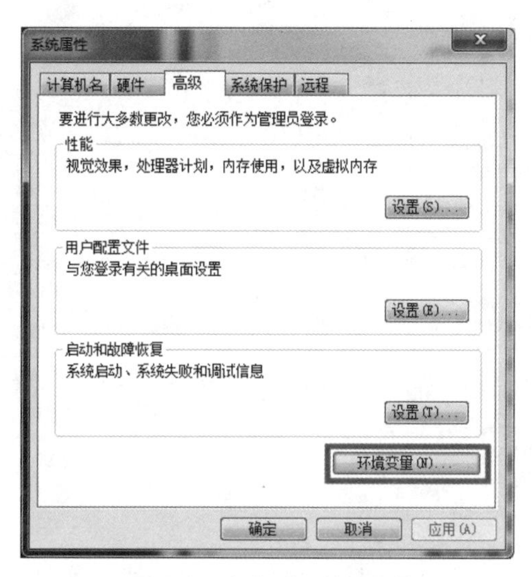

图 7-4　点击“环境变量”

（2）在“系统变量”中找到 Path，单击“编辑”按钮，如图 7-5 所示。

（3）在“变量值”文本框中添加 phantomjs.exe 文件所在的目录，如图 7-6 所示。

图 7-5　编辑 Path

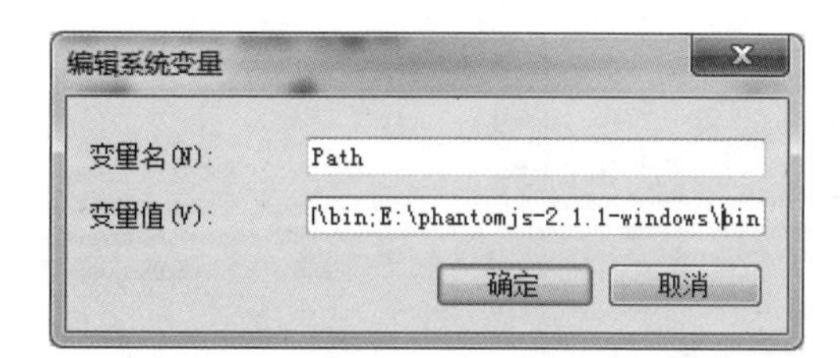

图 7-6　添加 PhantomJS 路径到 Path 变量

7.3 Selenium 和 PhantomJS 基本操作

7.3.1 基本使用

下面以访问百度网页为例，逐步介绍 Selenium 和 PhantomJS 的一些基本操作。首先导入 WebDriver，代码如下：

```
1 from selenium import webdriver
2 import time
3 # 调用环境变量指定 PhantomJS 浏览器创建浏览器对象
4 driver=webdriver.PhantomJS()
5 # 如果没有在环境变量指定 PhantomJS 浏览位置
6 # driver=webdriver.PhantomJS(executable_path="/usr/local/bin/phantomjs")
7 # get() 方法会一直等到页面被加载完全，然后在继续程序，通常会让其等待 2s
8 time.sleep(2)
9 driver.get("http://www.baidu.com")
10 # 获取页面名为 wrapper 的 id 标签文本内容
11 data=driver.find_element_by_id("wrapper").text
12 # 获取标题
13 print(driver.title)
14 # 生成当前页面快照并保存
15 driver.save_screenshot("baidu.png")
16 # id="kw" 是百度输入框，输入字符串
17 driver.find_element_by_id("kw").send_keys(u" 大数据 ")
18 # id="su" 是百度搜索按钮，click() 是模拟点击
19 driver.find_element_by_id("su").click()
20 # 获取新的页面快照
21 driver.save_screenshot(" 大数据 .png")
22 # 获取网页渲染的源代码
23 print(driver.page_source)
```

PhantomJS 浏览器虽然不显示页面，但是可以生成页面快照，并通过 save_screenshot() 方法将页面快照保存成图片。此时，在 python.exe 文件的同目录下生成了一个名为 baidu.png 的图片文件。打开 baidu.png 文件，可以看到它保存了百度搜索页面在浏览器上的显示效果，如图 7-7 所示。

图 7-7　百度首页

在 16~21 行代码中，通过 id="kw" 定位百度搜索框，向输入框中添加字符串“大数据”，然后通过 id="su" 定位百度搜索按钮，最后通过 click() 方法模拟单击页面上的按钮。

此时，在 Python.exe 文件在目录下生成了名为大数据 .png 的图片，内容如图 7-8 所示。

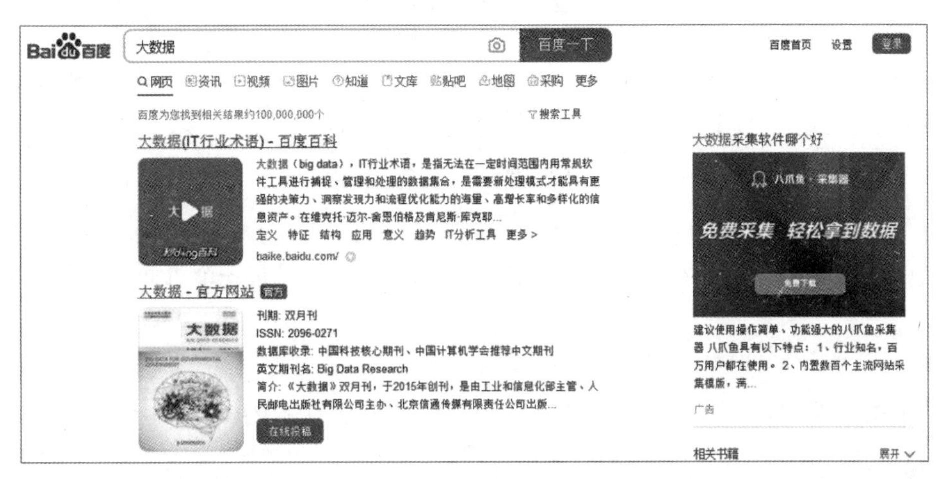

图 7-8 “大数据”搜索结果

同时可以清除输入框中的内容重新输入内容搜索，代码如下：

```
1 from selenium.webdriver.common.keys import Keys
2 driver.find_element_by_id("kw").send_keys(Keys.CONTROL, 'a')
3 driver.find_element_by_id("kw").send_keys(Keys.CONTROL, 'x')
4 driver.find_element_by_id("kw").send_keys("spider")
5 driver.find_element_by_id('kw').send_keys(Keys.RETURN)
6 time.sleep(2)
7 driver.save_screenshot("spider.png")
```

在上面的代码中，首先引入 Keys 包，调用键盘操作。第 2、3 行通过模拟【Ctrl+A】【Ctrl+X】全选输入框内容后剪切输入框内容，第 4 行在输入框中重新输入搜索关键字 spider，第 5 行模拟回车操作，最后生成新页面的快照。

运行代码，在 Python.exe 文件同目录下会生成名为 spider.png 的图片，如图 7-9 所示。

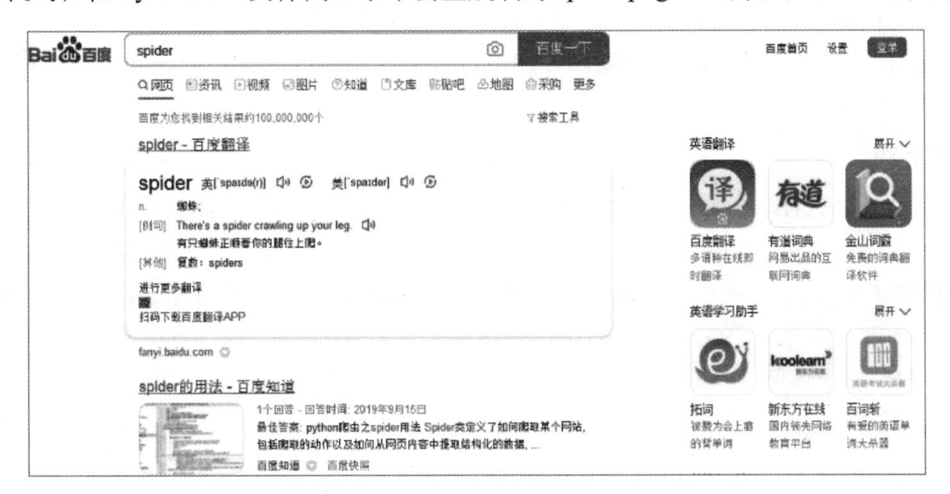

图 7-9 搜索结果

除了以上操作外，还可以进行清除输入框、获取当前 URL 等操作，代码如下：

（1）清除输入框内容。

使用 clear() 方法清除输入框内容。代码如下：

```
driver.find_element_by_id("kw").clear()
```

（2）获取当前页面 Cookie。使用 get_cookies() 方法获取当前页面的 Cookie。代码如下：

```
print(driver.get_cookies())
```

（3）获取当前 URL。使用 current_url 属性获取当前页面的 URL。代码如下：

```
print(driver.current_url)
```

（4）关闭当前页面。使用 close() 方法关闭当前页面，如果只有一个页面，会关闭浏览器。代码如下：

```
driver.close()
```

（5）关闭浏览器。当浏览器使用完毕时，应使用 quit() 方法关闭浏览器。代码如下：

```
driver.quit()
```

7.3.2 声明浏览器对象

除了和 PhantomJS 结合使用外，Selenium 也支持非常多的浏览器，如 Chrome、Firefox、Edge 等，还有 Android、BlackBerry 等手机端的浏览器。另外，也支持无界面浏览器 PhantomJS。

可以用如下方式初始化浏览器对象：

```
from selenium import webdriver

browser=webdriver.Chrome()
browser=webdriver.Firefox()
browser=webdriver.Edge()
browser=webdriver.PhantomJS()
browser=webdriver.Safari()
```

这样就完成了浏览器对象的初始化并将其赋值为 browser 对象。接下来就可以调用 browser 对象执行各个动作以模拟浏览器操作。

注意：在使用除 PhantomJS 的初始化方法时，需要下载对应浏览器的驱动程序，例如 Chrome 是 chromedriver.exe。

7.3.3 节点查找

Selenium 的 WebDriver 提供了各种方法来定位页面上的元素。例如 find_element_by_id()，如果查找的目标在网页上只有一个，使用 find_element_by_id() 是可以实现的。但如果有多个节点，再使用刚才的方法就满足不了需求，需要用 find_elements() 这样的方法，下面看一下具体的用法。

1. 单节点

```
find_element_by_id
find_element_by_name
find_element_by_xpath
```

```
find_element_by_link_text
find_elements_by_partial_link_text()
find_element_by_tag_name
find_element_by_class_name
find_element_by_css_selector
```

（1）通过 id 标签值查找对应元素。例如，有以下表单信息：

```
<div id="element_by_id">
```

可使用 id 标签值来定位。具体实现如下：

```
element=browser.find_element_by_id("element_by_id")
```

另外，Selenium 还提供了通用方法 find_element()，它需要传入两个参数：查找方式 By 和值。实际上，它就是 find_element_by_id() 这种方法的通用函数版本，比如 find_element_by_id(id) 就等价于 find_element(By.ID,id)，二者得到的结果完全一致。具体实现方法如下：

```
from selenium.webdriver.common.by import By
element=browser.find_element(by=By.ID, value="element_by_id")
```

（2）通过 name 标签值查找对应元素。例如，有以下表单信息：

```
<div name="element_by_name">
```

可以使用 name 标签值来定位。具体实现方法如下：

```
element=browser.find_element_by_name("element_by_name")
```

或者

```
from selenium.webdriver.common.by import By
element=browser.find_element(by=By.NAME, value="element_by_name")
```

（3）通过 xpath 查找对应元素。例如，有以下表单信息：

```
<input type="text" name="xpath">
```

可以通过 xpath 来定位。具体实现方法如下：

```
element=browser.find_element_by_xpath("//input")
```

或者

```
from selenium.webdriver.common.by import By
element=browser.find_element(by=By.XPATH, value="//input")
```

（4）通过链接文本查找对应元素。例如，有以下表单信息：

```
<a href="www.baidu.com">login</a>
```

可以通过链接文本来定位。具体实现方法如下：

```
element=browser.find_element_by_link_text("login")
```

或者

```
from selenium.webdriver.common.by import By
element=browser.find_element(by=By.LINK_TEXT, value="login")
```

（5）通过部分链接文本查找对应元素。例如，有以下表单信息：

```
<a href="www.baidu.com">login loginout</a>
```

可以通过链接文本的一部分来定位。具体实现方法如下：

```
element=browser.find_element_by_partial_link_text("loginout")
```

或者

```
from selenium.webdriver.common.by import By
element=browser.find_element(by=By.PARTIAL_LINK_TEXT, value="loginout")
```

（6）通过标签名查找对应元素。例如，有以下表单信息：

```
<iframe name="content" id="myIframe" src="..."></iframe>
```

可以通过标签名来定位。具体实现方法如下：

```
element=browser.find_element_by_tag_name("iframe")
```

或者

```
from selenium.webdriver.common.by import By
element=browser.find_element(by=By.TAG_NAME, value="iframe")
```

（7）通过 class 标签值查找对应元素。例如，有以下表单信息：

```
<div class="s-top-nav"></div>
```

可以通过 class 标签值定位。具体实现方法如下：

```
element=browser.find_element_by_class_name("s-top-nav")
```

或者

```
from selenium.webdriver.common.by import By
element=browser.find_element(by=By.CLASS_NAME, value="s-top-nav")
```

（8）通过 css 样式查找对应元素。例如，有以下表单信息：

```
<div id="m"><span class="hot-title"></span></div>
```

可以通过 CSS 样式名称定位。具体实现方法如下：

```
element=browser.find_element_by_css_selector("#m span.hot-title")
```

或者

```
from selenium.webdriver.common.by import By
element = browser.find_element(by=By.CSS_SELECTOR, value="#m span.hot-title")
```

2. 多节点

使用 find_element() 方法，只能获取匹配到的第一个节点，结果是 WebElement 类型。如果用 find_elements() 方法则结果是列表类型，列表中的每个节点是 WebElement 类型。

这些方法如下：

```
find_elements_by_id()
find_elements_by_name()
find_elements_by_xpath()
find_elements_by_link_text()
find_elements_by_partial_link_text()
find_elements_by_tag_name()
```

```
find_elements_by_class_name()
find_elements_by_css_selector()
```

与单节点查找用法类似，不带 by 的函数，配合参数可以替代其他的函数。例如，find_elements_by_id(id) 就等价于 find_elements(By.ID,id)，这几种方法组合应用，灵活配合，可以获取定位数据中的任何位置。一般的表单，元素都会有 name、class、id，这样定位会比较方便。如果仅仅是为了获取"有效数据"的位置，还是使用 find_element_by_xpath() 和 find_element_by_css() 比较方便。

注意：在多节点查找的方法名称中，element 多了一个 s，注意区分。

7.3.4 鼠标动作链

有些时候，需要在页面上模拟一些鼠标动作，如双击、右击、拖动甚至按住不动等，可以通过使用 ActionChains 类来实现。代码如下：

1. 导入 ActionChains 类

```
from selenium.webdriver import ActionChains
```

2. 鼠标移动到 ac 位置

```
ac=driver.find_element_by_xpath('element')
ActionChains(driver).move_to_element(ac).perform()
```

3. 在 ac 位置双击

```
ac=driver.find_element_by_xpath("elementB")
ActionChains(driver).move_to_element(ac).double_click(ac).perform()
```

4. 在 ac 位置右击

```
ac=driver.find_element_by_xpath("elementC")
ActionChains(driver).move_to_element(ac).context_click(ac).perform()
```

5. 在 ac 位置单击并保持

```
ac=driver.find_element_by_xpath("elementF")
ActionChains(driver).move_to_element(ac).click_and_hold(ac).perform()
```

6. 将 ac1 拖动到 ac2 位置

```
ac1=driver.find_element_by_xpath("elementD")
ac2=driver.find_element_by_xpath("elementE")
ActionChains(driver).drag_and_drop(ac1, ac2).perform()
```

7.3.5 填充表单

向文本框中输入文字时，有时候会碰到 <select></select> 标签的下拉列表框。直接点击下拉框中的选项不一定可行，如下所示为一个下拉列表框的示例。

```
<select id="status" class="form-control valid" onchange="" name="status">
   <option value=""></option>
   <option value="0">未审核</option>
   <option value="1">初审通过</option>
   <option value="2">复审通过</option>
   <option value="3">审核不通过</option>
```

```
</select>
```

效果如图 7-10 所示。

图 7-10　下拉列表框

Selenium 专门提供了 Select 类来处理下拉列表框。其实 WebDriver 中提供了一个 Select 方法，可以帮助用户完成这些事情。代码如下：

```
from selenium.webdriver.support.ui import Select
select=Select(driver.find_element_by_name("status"))
# 1: index, 从 0 开始
select.select_by_index(0)
# 2: value 是 option 标签的一个属性值
select.select_by_value("0")
# 3: visible_text 是在 option 标签文本的值
select.select_by_visible_text(" 未审核 ")
# 全部取消
select.deselect_all()
```

7.3.6　弹窗处理

当触发了某个事件之后，页面出现了弹窗提示，处理这个提示或者获取提示信息的方法如下：

```
alert=driver.switch_to_alert()
```

7.3.7　页面切换

一个浏览器肯定会有很多窗口，所以要有方法来实现窗口的切换。切换窗口的方法如下：

```
driver.switch_to.window("this is window name")
```

也可以使用 window_handles 方法来获取每个窗口的操作对象。例如：

```
for handle in driver.window_handles:
driver.switch_to_window(handle)
```

7.3.8　页面前进和后退

操作页面的前进和后退功能的方法如下：

```
driver.forward() # 前进
driver.back()    # 后退
```

7.3.9　Cookies

在前面的例子中已经介绍了怎样获取页面 cookie，这里主要介绍删除、添加等操作。代码如下：

```
driver.delete_cookie("BAIDUID") # 通过名字进行删除
driver.delete_all_cookies()     # 删除全部的 cookie
driver.add_cookie({"":""})      # 添加 cookie，传入 dict 类型
```

7.3.10　页面等待

现在的网页越来越多地采用了 AJAX 技术，这样程序就不能确认何时某个元素完全加载了。如果实际页面等待时间过长导致某个 dom 元素还没出来，但是代码直接使用了这个 WebElement，

就会抛出 NullPointer 的异常。

为了避免这种元素定位困难而且会提高产生 ElementNotVisibleException 的概率，Selenium 提供了两种等待方式：一种是显示等待；一种是隐式等待。

隐式等待是等待特定的时间，显示等待是指定某一条件直到这个条件成立时继续执行。

1. 显示等待

显示等待指定某个条件，然后设置最长等待时间。如果在这个时间还没有找到元素，就会抛出异常。

显示等待通过 selenium.webdriver.suppert.ui 模块提供的 WebDriverWait 类，其构造方法如下：

```
WebDriverWait(driver, timeout, poll_frequency=0.5, ignored_exceptions=None)
```

参数说明：

（1）driver：WebDriver 实例对象（IE、Firefox、Chrome 等）。

（2）timeout：最长等待时间，单位为秒。

（3）poll_frequency：调用频率，也就是 timeout 时间段内，每隔 poll_frequency 时间执行一次判断条件，默认 0.5 s。

（4）ignored_exceptions：超时后的异常信息，默认情况下抛出 NoSuchElementException 异常。

WebDriverWait 类提供方法：

（1）until(method, message='')：在规定时间，每隔一段时间调用一下 method 方法，直到返回值不为 False，如果超出时抛出带有 message 的 TimeoutException 异常信息。

（2）until_not(method, message='')：与 until() 方法相反，表示在规定时间内，每隔一段时间调用一下 method 方法，直到返回值为 False，如果超时抛出带有 message 的 TimeoutException 异常信息。

下面是一个使用 WebDriverWait 对象的示例。代码如下：

```
1 from selenium import webdriver
2 from selenium.webdriver.common.by import By
3 # WebDriverWait 库，负责循环等待
4 from selenium.webdriver.support.ui import WebDriverWait
5 # expected_conditions 类，负责条件触发
6 from selenium.webdriver.support import expected_conditions as EC
7
8 driver=webdriver.Chrome()
9 driver.get("http://www.xxxxx.com/")
10 try:
11     # 页面一直循环，直到 id="myDynamicElement" 出现
12     element = WebDriverWait(driver, 10).until(
13         EC.presence_of_element_located((By.ID, "myDynamicElement"))
14     )
15 finally:
16     driver.quit()
```

上面代码中，第 10 ~ 16 行是显示等待的代码，第 12 行构造了一个 WebDriverWait 对象，并设置超时时间为 10 s。程序默认 0.5 s 调用一次来查看元素是否已经生成，如果元素已经生成，则立即返回；如果超过 10 s 还没有生成，则报出异常。

下面是一些内置的等待条件，可以直接调用，而不用自己写某些等待条件。

```
title_is
```

```
title_contains
presence_of_element_located
visibility_of_element_located
visibility_of
presence_of_all_elements_located
text_to_be_present_in_element
text_to_be_present_in_element_value
frame_to_be_available_and_switch_to_it
invisibility_of_element_located
element_to_be_clickable - it is Displayed and Enabled.
staleness_of
element_to_be_selected
element_located_to_be_selected
element_selection_state_to_be
element_located_selection_state_to_be
alert_is_present
```

2. 隐式等待

隐式等待就是设置一个全局的最大等待时间，单位为秒。在定位元素时，对所有元素设置超时时间，超出了设置时间则抛出异常。

隐式等待使用 implicitly_wait() 方法，它使得 WebDriver 在查找一个 Element 或者 Element 数组时，每隔一段特定的时间就会轮询一次 DOM，直到 Element 或数组被发现为止。

如下所示为使用隐式等待的一个示例：

```
from selenium import webdriver
driver=webdriver.PhantomJS()
driver.implicitly_wait(10)    # 不设置，默认等待时间为 0
driver.get("http://www.baidu.com")
myDynamicElement=driver.find_element_by_id("myDynamicelement")
```

隐式等待的好处是不用像强制等待（time.sleep(n)）的方式一样死等固定时间 n 秒，可以在一定程度上提升测试用例的执行效率。但是，这种方法也有一定弊端，那就是程序会一直等待整个页面加载完成才会执行下一步。比如，某些时候页面元素已经加载好了，但是某个 js 文件等待资源慢了点，此时程序仍然会等待页面全部加载完成才会执行下一步，这样加长了测试用例的执行时间。

注意：隐式等待的时间一旦设置，这个设置会在 WebDriver 对象实例的整个生命周期起作用。

7.4 案例——模拟登录 QQ 邮箱

下面使用 selenium 和 PhantomJS 演示如何模拟网站的登录，这里以 QQ 邮箱（https://mail.qq.com/）的网站为例进行讲解。

QQ 邮箱的页面如图 7-11 所示。

模拟用户登录网站的实现步骤如下：

（1）定位 QQ 账号输入框，向里面添加账号。

（2）定位密码输入框，向里面添加密码。

（3）定位“登录”按钮，并在代码中模拟单击该按钮。

要定位这些页面元素，首先在浏览器中打开对应页面，然后查看网页源代码，从源代码中找到用户名、密码输入框和登录按钮的 ID。

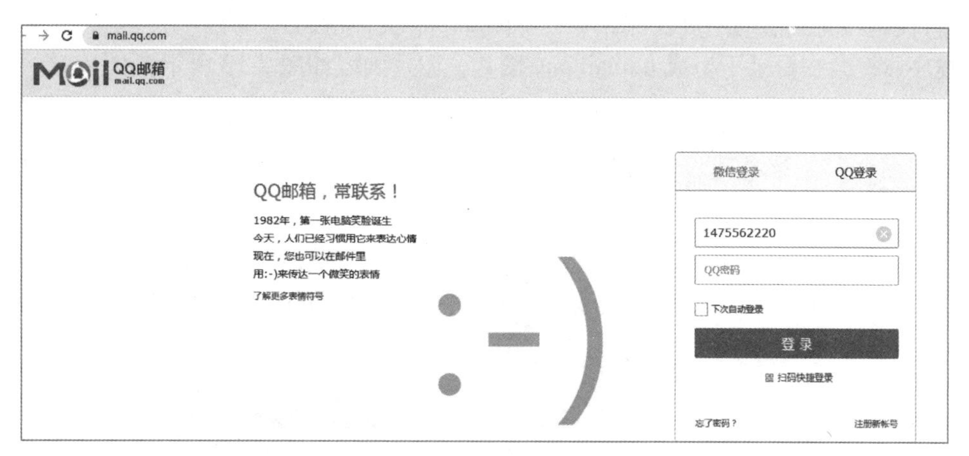

图 7-11　QQ 邮箱页面

账号输入框源代码如下：

```
<input type="text" class="inputstyle" id="u" name="u" value="" tabindex="1">
```

密码输入框源代码如下：

```
<input type="password" class="inputstyle password" id="p" name="p" value=""
maxlength="16" tabindex="2">
```

登录按钮的源代码如下：

```
<input type="submit" tabindex="6" value="登 录" class="btn" id="login_button">
```

有了源代码，就可以通过定位 UI 元素的方法来进行定位。

代码如下：

```
1 from selenium import webdriver
2 import time
3
4 driver=webdriver.PhantomJS()
5 driver.get("https://mail.qq.com/")
6
7 login_frame=driver.find_element_by_id("login_frame")
8 driver.switch_to.frame(login_frame)
9
10driver.find_element_by_id("u").send_keys("邮箱")
11driver.find_element_by_id("p").send_keys("密码")
12driver.find_element_by_id("login_button").click()
13time.sleep(3)
14
15driver.save_screenshot("qqmail.png")
16driver.quit()
```

在上面的代码中，第 10 行和第 11 代码通过 find_element_by_id() 方法分别定位邮箱账号和密码输入框，并使用 send_keys()s 方法向输入框中输入内容。

第 12 行代码通过 find_element_by_id() 方法定位到登录按钮，并调用 click() 方法模拟单击该按钮，提交网页。

第 15 行代码将完成后的网页快照保存在 qqmail.png 文件中。

执行程序后，会在目录下生成 qqmail.png 图片，图片内容如图 7-12 所示。

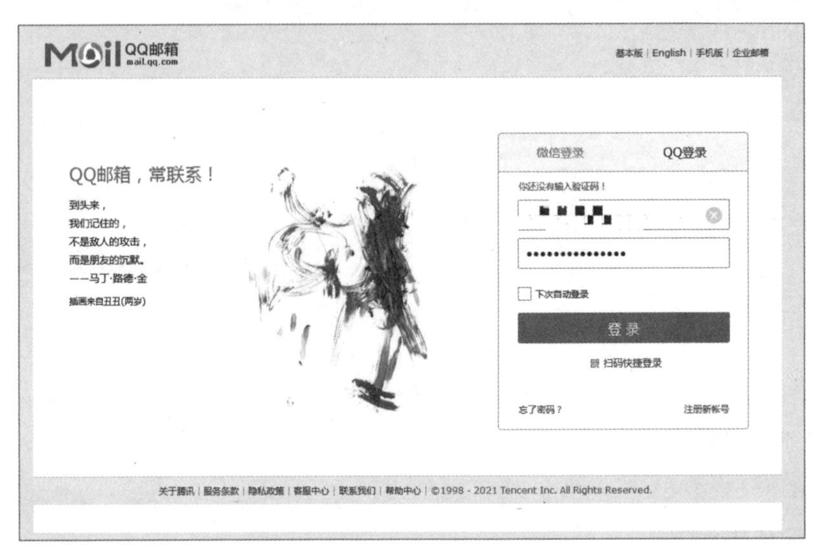

图 7-12　文件 qqmail.png 内容

可以看到图上显示“你还没有输入验证码！”，这是因为 QQ 邮箱在登录时需要进行滑块拖动验证，出现这样的提示信息表示单击“登录”按钮的操作是成功的。

另外，在上面的代码中出现了 driver.switch_to.frame()，这是因为登录部分的页面是卸载 iframe 中的，在 Web Ui 自动化的测试中，如果一个元素定位不到，最大的可能就是定位的元素属性是在 iframe 框架中，iframe 是 HTML 中的框架，在 HTML 中，所谓框架就是可以在同一个浏览器窗口中显示不止一个页面，对不同页面进行嵌套。

Selenium 默认是访问不了 iframe 中的内容的，所以要先获取表单，再获取表单中的元素。对应的解决思路就是 driver.switch_to.frame()，从源代码中找到 iframe 对应的标签，源代码如下：

```
<iframe id="login_frame" name="login_frame" height="100%" scrolling="no" width="100%" frameborder="0" test="jostinsul" src="https://xui.ptlogin2.qq.com/cgi-bin/xlogin?target=self&amp;appid=522005705&amp;daid=4&amp;s_url=https://mail.qq.com/cgi-bin/readtemplate?check=false%26t=loginpage_new_jump%26vt=passport%26vm=wpt%26ft=loginpage%26target=&amp;style=25&amp;low_login=1&amp;proxy_url=https://mail.qq.com/proxy.html&amp;need_qr=0&amp;hide_border=1&amp;border_radius=0&amp;self_regurl=http://zc.qq.com/chs/index.html?type=1&amp;app_id=11005?t=regist&amp;pt_feedback_link=http://support.qq.com/discuss/350_1.shtml&amp;css=https://res.mail.qq.com/zh_CN/htmledition/style/ptlogin_input_for_xmail51328e.css"></iframe>
```

首先定位登录的 iframe，代码如下：

```
login_frame=driver.find_element_by_id("login_frame")
```

再切换至 iframe 内，代码如下：

```
driver.switch_to.frame(login_frame)
```

完成上面两步后即可正常获取 iframe 中的内容。

7.5 案例——模拟登录物联网融合云平台

下面使用 Selenium 和 PhantomJS 演示登录物联网融合云平台，平台地址为 http://139.9.246.47:8088/wziot。

登录页面如图 7-13 所示。

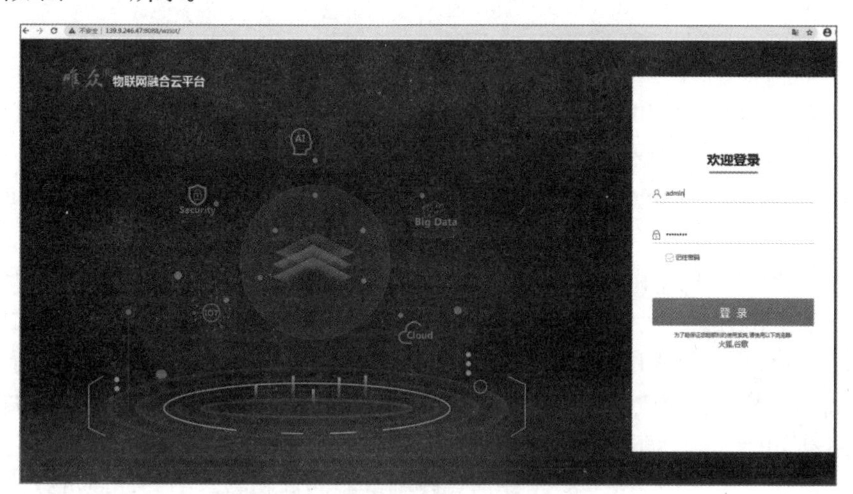

图 7-13　物联网融合云平台登录页面

模拟用户登录网站的实现步骤如下：

（1）定位用户名输入框，向里面添加账号。

（2）定位密码输入框，向里面添加密码。

（3）定位“登录”按钮，并在代码中模拟单击该按钮。

要定位这些页面元素，首先在浏览器中打开对应页面，然后查看网页源代码，从源代码中找到用户名、密码输入框和“登录”按钮的 ID。

账号输入框源代码如下：

```
<input class="username" type="text" placeholder="请输入用户名" name="loginname" id="loginname">
```

密码输入框源代码如下：

```
<input class="password" type="password" placeholder="请输入密码" name="password" id="password">
```

“登录”按钮的源代码如下：

```
<button class="_loginButton" onclick="Login.loginAction()">登  录</button>
```

有了源代码，就可以通过各种定位 UI 元素的方法来进行定位。

代码如下：

```
1 from selenium import webdriver
2 import time
3 driver = webdriver.PhantomJS()
```

```
4 driver.get("http://139.9.246.47:8088/wziot")
5 time.sleep(3)
6
7 driver.find_element_by_xpath("//input[@id='loginname']").clear()
8 driver.find_element_by_xpath("//input[@id='loginname']").send_keys("用户名")
9 driver.find_element_by_xpath("//input[@id='password']").clear()
10 driver.find_element_by_xpath("//input[@id='password']").send_keys("密码")
11 driver.find_element_by_xpath("//button[@class='_loginButton']").click()
12 driver.set_window_size(1920, 1080)
13 driver.save_screenshot("ronghe.png")
14 driver.quit()
```

在上面的代码中，第 8 行和第 10 行通过 find_element_by_xpath 方法分别定位用户名和密码输入框，并通过 send_keys() 方法向输入框中输入内容。

第 11 行代码通过 find_element_by_xpath() 方法定位到“登录”按钮，并调用 click() 方法模拟单击该按钮，提交网页。

第 13 行代码将完成后的玩野快照保存带 qqmail.png 文件中。

可以看到在第 7 和第 9 行代码中出现了 clear() 方法，这个方法的作用是清空输入框中的内容。这个方法防止用户在多次执行程序时，出现登录名和密码重复的情况，例如第一次运行输入的是“张三”，第二次运行时用户名就变成“张三张三”，这样会出现最后生成的结果图片登录失败的情况。

在第 12 行代码中使用了 set_window_size() 方法，这个方法主要用来设置浏览器大小，防止生成的结果图片不完整。方法中的两个参数分别代表浏览器的宽和高。另外，还可以使用 maximize_window() 方法来设置浏览器全屏。

执行程序后，会在目录下生成 ronghe.png 图片，如图 7-14 所示。

图 7-14　文件 ronghe.png 图片

第8章

爬虫数据的存储

通常，解析出数据后需要进行持久化存储。数据存储主要分为两类：文件存储和数据库存储。文件存储分为 TXT、JSON、CSV 等;数据库存储分为关系型数据库，如 MySQL;非关系型数据库，如 MongoDB 等。本章主要介绍这几种存储方式。

8.1 数据存储概述

当爬虫的数据量越来越大时，并且需要进行数据分析时，不得不考虑将采集到的数据存储起来。最简单的形式是直接保存为文本文件，如 TXT、JSON、CSV 等。另外，还可以保存到数据库中，如关系型数据库 MySQL，非关系型数据库 MongoDB、Redis 等。

视频

数据库

(1) MySQL：一种开源的关系型数据库,使用最常用的数据库管理语言（SQL）进行数据库管理。它会将数据保存到不同的表中，不仅速度快，而且灵活性高。

(2) MongoDB：一个基于分布式文件存储的数据库，是当前 NoSQL（非关系的数据库）中比较热门的一种。它面向集合存储，易存储对象类型的数据，具有高性能、易部署、易使用等特点。

一般来说，爬虫处理数据的能力往往是决定爬虫价值的决定性因素，同时稳定的数据存储方式也是爬虫价值的体现。对于中小规模的爬虫而言，可以将爬虫结果汇合到一个文件进行持久化存储。

Python 中的文件操作相当方便，既能将爬虫数据以二进制形式保存，又能处理成字符串后以文本形式保存，只需要改动打开文件的模式，就能以不同的形式保存数据。

对于爬取的数据种类丰富、数量庞大的大规模爬虫来说，把数据存储成一堆零散的文件就不太合适。此时，可以将这些爬虫结果存入数据库中，不仅方便存储，也方便进一步整理。

8.2 文件存储

文件存储形式多种多样，比如可以保存成 TXT 纯文本形式，也可以保存为 JSON 格式、CSV 格式等，本节主要讲解文本文件的存储方式。

8.2.1 TXT 文本存储

将数据保存到 TXT 文本的操作非常简单，而且 TXT 文本几乎兼容任何平台，但缺点是不利于检索。下面来看一下如何利用 Python 保存 TXT 文本文件，代码如下：

```
import urllib.request
from pyquery import PyQuery

headers={"User-Agent": "Mozilla/5.0 (Windows NT 6.1; Win64; x64) AppleWebKit/537.36 (KHTML, like Gecko) Chrome/86.0.4240.75 Safari/537.36"}
request=urllib.request.Request("http://www.whwzzc.com/hangye/wlwdsjsxs/71.html", headers=headers)
response=urllib.request.urlopen(request)
html=response.read().decode('utf-8')
doc=PyQuery(html)
items=doc(".content-body").items()
for item in items:
    p=item.find('p').text()
    file=open('wz.txt', 'a', encoding='utf-8')
    file.write(p)
    file.close()
```

首先导入 urllib、pyquery 库，然后定义请求头，通过 Request 发送请求到服务器，返回响应。获取到响应后通过 PyQuery 提取文本信息，然后利用 Python 提供的 open() 方法打开一个文本文件，获取一个文件操作对象，这里赋值为 file，接着利用 file 对象的 write() 方法将提取的内容写入文件，最后调用 close() 方法将其关闭，这样爬取的内容即可成功写入文件。

运行程序，可以发现在本地生成了一个 wz.txt 文件，其内容如图 8-1 所示。

图 8-1　文件内容

在上面的代码中，open() 方法接收的第一个参数为文件名称，第二个参数为文件写入方式，a 表示在文件末尾添加新的内容，而不会覆盖原有的内容，这是文本的打开方式。常用的文本打开方式如表 8-1 所示。

表 8-1　常用的文本打开方式

打开方式	说　明
r	以只读方式打开文件。文件的指针将会放在文件的开头，这是默认模式
rb	以二进制只读的方式打开一个文件。文件的指针将会放在文件的开头
r+	以读写方式打开一个文件。文件指针将会放在文件的开头
rb+	以二进制读写方式打开一个文件。文件指针将会放在文件的开头
w	以写入方式打开一个文件。如果该文件已存在，则将其覆盖；如果该文件不存在，则创建新文件
wb	以二进制写入方式打开一个文件。如果该文件已存在，则将其覆盖；如果该文件不存在，则创建新文件
w+	以读写方式打开一个文件。如果该文件已存在，则将其覆盖；如果该文件不存在，则创建新文件
wb+	以二进制读写格式格式打开一个新文件。如果该文件已存在，则将其覆盖；如果该文件不存在，则创建新文件
a	以追加方式打开一个文件。如果该文件已存在，文件指针将会放在文件结尾。也就是说，新的内容将会写入到已有内容之后。如果该文件不存在，则创建新文件来写入
ab	以二进制追加方式打开一个文件。如果该文件已存在，则文件指针将会放在文件结尾。也就是说，新的内容将会被写入到已有内容之后。如果该文件不存在，则创建新文件来写入
a+	以读写方式打开一个文件。如果该文件已存在，文件指针将会放在文件的结尾，文件打开时会是追加模式；如果该文件不存在，则创建新文件来读写
ab+	以二进制追加方式打开一个文件。如果该文件已存在，则文件指针将会放在文件结尾；如果该文件不存在，则创建新文件用于读写

上面就是利用 Python 将结果保存为 TXT 文本的方法，这种方法简单易用，操作高效，是一种最基本的保存数据的方法。

8.2.2　JSON 文件存储

JSON（JavaScript Object Notation,JS 对象简谱）是一种轻量级的数据交换格式。它基于 ECMAScript（欧洲计算机协会制定的 js 规范）的一个子集，采用完全独立于编程语言的文本格式来存储和表示数据。简洁和清晰的层次结构使得 JSON 成为理想的数据交换语言，易于人们阅读和编写，同时也易于机器解析和生成，并有效地提升网络传输效率。

视频

JSON

JSON 在 Python 中分别由 list 和 dict 组成。这是用于序列化的两个模块：

（1）json：用于字符串和 Python 数据类型间进行转换。

（2）pickle：用于 Python 特有的类型和 Python 的数据类型间进行转换。

JSON 模块提供了四项功能：dumps、dump、loads、load。

pickle 模块提供了四项功能：dumps、dump、loads、load。

（1）JSON dumps 把数据类型转换成字符串。

（2）dump 把数据类型转换成字符串并存储在文件中。

（3）loads 把字符串转换成数据类型。

（4）load 把文件打开从字符串转换成数据类型。

JSON 是可以在不同语言之间交换数据的，而 pickle 只在 Python 之间使用。JSON 只能序列化最基本的数据类型，只能把常用的数据类型序列化（列表、字典、列表、字符串、数字），如日期格式、类对象、则不行。而 pickle 可以序列化所有的数据类型，包括类、函数都可以序列化。

1. 读取 JSON

一般情况下的 JSON 文件，存储的是 Python 中的一个 dict。如下所示，有一段 JSON 形式的字符串，它是 str 类型：

```
{
   "name": "mowen",
   "id":123,
   "hobby":{
      "sport": "running",
      "book": "flink"
   }
}
```

可以将其转换为字典，代码如下：

```
import json

str='''{
   "name": "mowen",
   "id":123,
   "hobby":{
      "sport":"running",
      "book":"flink"
   }
}
'''
print(type(str))
data=json.loads(str)
print(data)
print(type(data))
```

首先导入 json 模块，然后打印出 str 的类型为字符串，使用 loads() 方法将字符串转换为字典类型，使用 print(type(data)) 打印出转换后的类型为 dict。

读取外部 JSON 文件的代码如下：

```
import json
f=open('ali.json', 'r')
content=f.read()
a=json.loads(content)
print(type(a))
print(a)
f.close()
```

注意：需要先用 open 来读取文件，再用 json.loads() 将读取内容转化为 Python 字典。

另外，JSON 的数据需要用双引号括起来，不能使用单引号。例如，若使用如下形式表示，会出现错误。

```
import json

str='''{
    'name':'mowen',
    'id':123,
    'hobby':{
        'sport':'running',
        'book':'flink'
    }
}
'''
data=json.loads(str)
```

运行结果如下：

```
json.decoder.JSONDecodeError: Expecting property name enclosed in double quotes: line 2 column 5 (char 6)
```

这里出现了 JSON 解析错误的提示。这是因为数据使用了单引号，而 JSON 字符串的表示需要用双引号，否则 loads() 方法会解析失败。

2. 写入 JSON

可以使用 dump() 方法将内容写入 JSON 文件，代码如下：

```
import json

str={
    'name':'mowen',
    'id':123,
    'hobby':{
        'sport':'running',
        'book':'flink'
    }
}
content=json.dumps(str, indent=2)
file=open('ali.json', 'w')
file.write(content)
file.close()
```

写入与读取的代码大体上是一样的，这里使用了 indent 参数，这个参数的作用是添加缩进符的个数，写入 JSON 文件后可以保存 JSON 的格式，结果如图 8-2 所示。

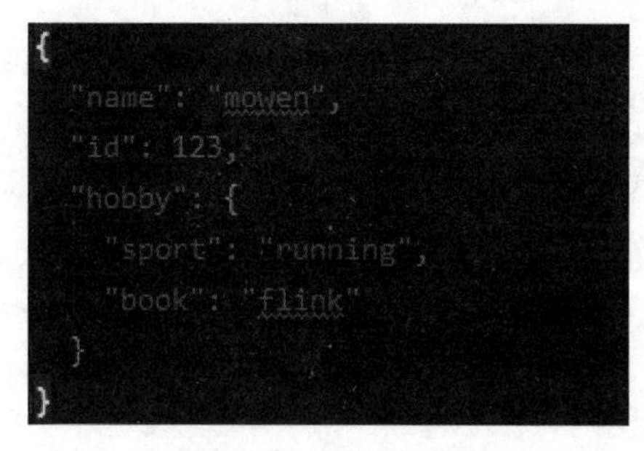

图 8-2　写入结果

8.2.3 把数据存储到 CSV

逗号分隔值（Comma-Separated Values，CSV）有时也称为字符分隔值，因为分隔字符也可以不是逗号，其文件以纯文本形式存储表格数据（数字和文本）。纯文本意味着该文件是一个字符序列，不含必须像二进制数字那样被解读的数据。CSV 文件由任意数目的记录组成，记录间以某种换行符分隔；每条记录由字段组成，字段间的分隔符是其他字符或字符串，最常见的是逗号或制表符。通常，所有记录都有完全相同的字段序列。通常都是纯文本文件。它比 Excel 文件更加简洁，XLS 文本是电子表格，它包含了文本、数值、公式和格式等内容，而 CSV 中不包含这些内容，就是特定字符分隔的纯文本，结构简单清晰。所以，有时候用 CSV 来保存数据是比较方便的。

下面是一个 CSV 文件的例子：

```
ID,UserName,Password,Age,Country
1001,guobao,1382_pass,21,China
1002,Mary,Mary_pass,20,USA
1003,Jack,Jack_pass,20,USA
```

同 Python 一样，CSV 里留白也是很重要的：每一行都用一个换行符分隔，列与列之间用逗号分隔（因此也称“逗号分隔值”）。CSV 文件还可以用 tab 字符或其他字符分隔行，但是不太常见，用得也不多。下面介绍 Python 读取和写入 CSV 文件的过程。

1. 写入

以下为一个简单的示例：

```
import csv

headers=['ID', 'UserName', 'Password', 'Age', 'Country']
rows=[(1001, "mowen", "1382_pass", 21, "China"),
      (1002, "Mary", "Mary_pass", 20, "USA"),
      (1003, "Jack", "Jack_pass", 20, "USA"),
     ]
with open('write.csv', 'w') as f:
   f_csv=csv.writer(f)
   f_csv.writerow(headers)
   f_csv.writerows(rows)
```

首先定义 csv 文件的内容，然后打开 write.csv 文件，指定打开的模式为 w（即写入），获得文件句柄，随后调用 csv 库的 write() 方法初始化写入对象，传入该句柄，然后调用 writerow() 方法传入数据即可完成写入。

运行后会生成一个名为write.csv的文件，文件内容如下：

```
ID,UserName,Password,Age,Country
1001,mowen,1382_pass,21,China
1002,Mary,Mary_pass,20,USA
1003,Jack,Jack_pass,20,USA
```

上面 rows 列表中的数据元祖，也可以使用字典数组的方式写入，代码如下：

```
import csv

headers=['ID', 'UserName', 'Password', 'Age', 'Country']
```

```
rows=[(1001, "mowen", "1382_pass", 21, "China"),
      (1002, "Mary", "Mary_pass", 20, "USA"),
      (1003, "Jack", "Jack_pass", 20, "USA"),
    ]
with open(write.csv', 'w') as f:
   f_csv=csv.DictWriter(f, headers)
   f_csv.writeheader()
   f_csv.writerows(rows)
```

在上面的代码中，使用 DictWriter 初始化字典写入对象，最终写入结果是完全一样的。

仔细观察文件内容会发现数据插入后，每两行之间会出现一行空行，要避免这个问题可以添加 newline 参数，将 with open('write.csv', 'w') as f: 改为 with open('write.csv', 'w', newline='') as f:。

如果想追加写入或者进行其他操作，可以修改文件的打开模式，修改 open() 函数的第二个参数。

更多参数可以查看 open() 方法的源代码：

```
def open(file, mode='r', buffering=None, encoding=None, errors=None, newline=None, closefd=True):
```

2. 读取

同样可以使用 csv 库来读取 CSV 文件。例如，将刚才写入的文件内容读取出来，相关代码如下：

```
import csv

with open('write.csv', 'r') as f:
   f_csv=csv.reader(f)
   for row in f_csv:
      print(row)
```

读取 csv 文件，需要创建 reader 对象，同时通过遍历输出了每行的内容。

8.3 数据库存储

8.3.1 MySQL

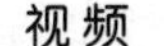

视频

redis

MySQL 是一个关系型数据库管理系统，由瑞典 MySQL AB 公司开发，属于 Oracle 旗下产品。MySQL 是最流行的关系型数据库管理系统之一，在 Web 应用方面，MySQL 是最好的 RDBMS（Relational Database Management System，关系数据库管理系统）应用软件之一。

对大多数应用来说，MySQL 都是不二的选择。它是一种非常灵活、稳定、功能齐全的 DBMS，许多顶级的网站都在用它。

视频

关系型数据库

关系型数据库是指采用了关系模型来组织数据的数据库，其以行和列的形式存储数据，以便于用户理解。关系型数据库一系列的行和列被称为表，一组表组成了数据库。用户通过查询来检索数据库中的数据，而查询是一个用于限定数据库中某些区域的执行代码。关系模型可以简单理解为二维表格模型，而一个关系型数据库就是由二维表及其之间的关系组成的一个数据组织。

关系型数据库有多种，如 SQLite、MySQL、Oracle、SQL Server、DB2 等。

1. 准备工作

在开始之前，请确保已经安装好了 MySQL 数据库并保证正常运行。没有安装的可以去官网（https://dev.mysql.com/downloads/windows/installer/5.7.html）下载对应的安装包。

2. PyMySQL 第三方库安装

Python 没有内置的 MySQL 支持工具。不过，有很多开源的库可以用来与 MySQL 进行交互，最有名的一个库就是 PyMySQL。在命令行窗口输入以下命令即可安装 PyMySQL 库：

```
pip3 install pymysql
```

3. 连接数据库

假设当前 MySQL 运行在本地，用户名为 root，密码为 123456，运行端口为 3306。这里利用 PyMySQL 连接 MySQL，然后创建一个名字为 bigdata 的数据库，代码如下：

```
import pymysql
conn=pymysql.connect(host='localhost', user='root', passwd='123456', port=3306)
cur=conn.cursor()
cur.execute("CREATE DATABASE bigdata DEFAULT CHARACTER SET utf8")
conn.close()
cur.close()
```

这里通过 PyMySQL 的 connect() 方法声明一个 MySQL 连接对象 conn，此时需要传入 MySQL 运行的 host(即 IP)。由于 MySQL 在本地运行，所以传入的是 localhost。如果 MySQL 在远程运行，则传入其公网 IP 地址。后面的参数分别是用户名、密码、端口号。

这段程序有两个对象：连接对象（conn）和光标对象（cur)。

连接 / 光标模式是数据库编程中常用的模式，连接模式除了要连接数据库之外，还要发送数据库信息，处理回滚操作，创建新的光标对象等。

连接成功后，需要再调用 cursor() 方法获得 MySQL 的光标对象，利用光标来执行 SQL 语句。这里执行了一句 SQL，用来执行创建数据库的操作，最后是一个关闭连接的操作。

用完光标可连接后，千万记得把它们关闭。如果不关闭就会导致连接泄露 (connection leak)，造成一种未关闭连接的现象，即连接已经不再使用，但是数据库却不能关闭，因为数据库不能确定用户是否继续使用它。这种现象会一直耗费数据库的资源，所以用完数据库后记得关闭连接。

4. 插入数据

使用命令行的方式或使用数据库管理工具 SQLyog、Navicat 在表 bigdata 中创建对应的数据表，命令如下：

```
    CREATE TABLE student(id VARCHAR(255) NOT NULL, NAME VARCHAR(255) NOT NULL, age
INT NOT NULL, PRIMARY KEY(id))
```

表创建完成之后就可以插入数据，代码如下：

```
    import pymysql

    id='2104130306'
    name='mowen'
    age=18
    conn=pymysql.connect(host='localhost', user='root', passwd='123456', port=3306,
db='bigdata')
```

```
cur=conn.cursor()
sql='INSERT INTO student(id, name, age) values(%s, %s, %s)'
cur.execute(sql,(id, name, age))
conn.commit()
conn.close()
cur.close()
```

要实现数据插入，需要执行 conn 对象的 commit() 方法才能实现，这个方法是真正将语句提交到数据库执行的方法。无论是插入、删除、更新操作，都需要调用这个方法。

在操作数据库的过程中，有可能会出现执行失败的情况，此时就需要数据回滚操作。可以通过 conn 对象调用 rollback() 方法执行数据回滚，代码如下：

```
try:
    cur.execute(sql, (id, name, age))
    conn.commit()
except:
    conn.rollback()
```

8.3.2 MongoDB

MongoDB 是用 C++ 语言编写的非关系型数据库，是一个基于分布式文件存储的开源数据库系统，具有免费、操作简单、面向文档存储等特点，旨在为 Web 应用提供可扩展的高性能数据存储解决方案。

视 频

非关系型数据库

1. 准备工作

在开始之前，请确保已经安装好了 MongoDB 数据库并保证正常运行。没有安装的可以去官网（https://www.mongodb.com/try/download/community）下载对应安装包。默认情况下，会选中系统（这里是 Windows）支持的可用版本。Windows 7 操作系统只能安装 4.2 及以前的版本，这里选取的是 4.2.14 版本。

2. MongoDB 与 MySQL 术语

MySQL 是使用 SQL 语言访问数据库的，该数据库的基本组成单位是数据表。而 MongoDB 是一种非关系型数据库，它没有表的概念，其数据库的基本组成单元是集合。为了进一步了解 MongoDB 的结构，下面列出了 MongoDB 与 MySQL 常见术语的对比说明，如表 8-2 所示。

表 8-2　MongoDB 与 MySQL 常见术语

SQL 术语 / 概念	MongoDB 术语 / 概念	解释 / 说明
database	database	数据库
table	collection	数据库表 / 集合
row	document	数据记录行 / 文档
column	field	数据字段 / 域
index	index	索引
table joins		表连接 /MongoDB 不支持
primary key	primary key	主键，MongoDB 自动将 _id 字段设置为主键

3. 数据库

在 MongoDB 中的数据库的概念与关系型数据库中数据库的概念基本相同。在 MongoDB 中的数据库是多个集合的组合。同样一个 MongoDB 中可以建立多个数据库，这些数据库也是相互独立的，也可以独立进行用户验证。默认的数据库为 db，它存储在 data 目录中。

MongoDB 的保留数据库：admin、local、config。

(1) admin 数据库：是一个 root 数据库，在这个数据库中添加用户，该用户将继承所有数据库的权限。

(2) local 数据库：这个数据库不会被复制，只存储本地服务器才能访问的数据库。

(3) config 数据库：用于保存分片的相关信息。

使用 show dbs 命令可以查看所有的数据库，db 命令可以显示当前数据库对象或者集合。

4. 文档

文档是一个键值（key-value）对（即 BSON），对应着关系型数据库的行。MongoDB 的文档不需要设置相同的字段，并且相同的字段不需要相同的数据类型，这与关系型数据库有很大的区别，也是 MongoDB 非常突出的特点。文档的示例代码如下：

```
{"name":"swingwang","gender":"male"}
```

需要注意以下几点：

(1) 文档中的键 / 值对是有序的。

(2) 文档中的值不仅可以是在双引号里面的字符串，还可以是其他几种数据类型（甚至可以是整个嵌入的文档）。

(3) MongoDB 区分类型和大小写。

(4) MongoDB 的文档不能有重复的键。

(5) 文档的键是字符串，除了少数例外情况，键可以使用任意 UTF-8 字符。

(6) 每个文档中都有一个属性，名称为 _id，用于保证文档的唯一性。在进行插入文档操作时，可以自行设置 _id 的值。如果没有提供 _id 属性，MongoDB 会为每个文档设置一个独特的 _id，类型为 objectID。

objectID 是一个 12 字节的十六进制数。其中，前 4 字节表示当前的时间戳，后面是 3 字节的机器 ID，接着是 2 字节的服务进程 ID，最后面是 3 字节的简单增量值。

文档键命名规范：

(1) 键不能含有 \0（空字符）。这个字符用来表示键的结尾。

(2) . 和 $ 有特别的意义，只有在特定环境下才能使用。

(3) 以下画线"_"开头的键是保留的（不是严格要求的）。

5. 集合

集合就是一组文档的组合。如果将文档类比成数据库中的行，那么集合就可以类比成数据库的表。

集合存在于数据库中，没有固定的结构，这意味着对集合可以插入不同格式和类型的数据，但通常情况下插入集合的数据都会有一定的关联性。

比如，可以将以下不同数据结构的文档插入到集合中：

```
{"site":"www.baidu.com"}        // 当第一个文档插入时，集合就会被创建
```

```
{"site":"www.google.com","name":"Google"}
```

集合命名规范：

（1）集合名不能是空字符串 ""。

（2）集合名不能含有 \0 字符（空字符），这个字符表示集合名的结尾。

（3）集合名不能以“system.”开头，这是为系统集合保留的前缀。

用户创建的集合名字不能含有保留字符。有些驱动程序的确支持在集合名中包含，这是因为某些系统生成的集合中包含该字符。除非要访问这种系统创建的集合，否则千万不要在名字里出现 $。

6. 使用 Python 操作 MongoDB

PyMongo 是用于 MongoDB 的开发工具，是 Python 操作 MongoDB 数据库的推荐方式。由于 PyMongo 是第三方库，所以需要安装之后才能在 Python 中使用。Windows 下的安装命令如下：

```
pip install pymongo
```

7. 创建连接

连接 MongoDB 时，需要使用 PyMongo 库中的 MongoClient 类，用于与 MongoDB 服务器建立连接。代码如下：

```
import pymongo

client=pymongo.MongoClient(host='localhost', port=27017)
```

这样就可以创建 MongoDB 的连接对象。查看源代码发现 MongoClient() 方法中还可以接收其他参数，如下所示：

```
def __init__(
    self,
    host=None,
    port=None,
    document_class=dict,
    tz_aware=None,
    connect=None,
    type_registry=None,
    **kwargs):
```

参数含义如下：

（1）host：表示主机名或 IP 地址。

（2）port：表示连接的端口号。

（3）document_class：从此客户端查询返回的文档默认使用此类。

（4）tz_aware：如果为 True，则此 MongoClient 作为文档中的值返回的 datetime 实例，将会被时区所识别。

（5）connect：若为 True（默认），则立即开始在后台连接到 MongoDB，否则连接到第一个操作。

除了显示的指定主机和端口号外，还可以不传入任何参数。不传入参数将连接到默认的主机（localhost）和端口（27017），如下所示：

```
client=pymongo.MongoClient()
```

另外，MongoDB 的第一个参数 host 还可以直接传入 MongoDB 的连接字符串，它以 mongodb 开头，如下所示：

```
client=MongoClient('mongodb://localhost:27017')
```

8. 指定数据库

建立与 Mongo 服务器的连接后就可以直接访问任何数据库。访问数据库的方式比较简单，可以将其当作属性一样，使用点语言进行访问。这里以 test 数据库为例进行说明，下一步需要在程序中指定要使用的数据库：

```
db=client.test
```

这里调用 client 的 test 属性即可返回 test 数据库。当然，还可以使用字典的形式进行访问，如下所示：

```
db=client['test']
```

这两种方式是等价的。

注意：如果指定的数据库已经存在，就直接访问这个数据库；如果指定的数据库不存在，就会自动创建一个数据库。

9. 创建集合

MongoDB 的每个数据库又包含许多集合，它们类似于关系型数据库中的表。

创建集合的方式与创建数据库类似，通过数据库使用点语法的形式进行访问。与指定数据库类似，指定集合也有两种方式：

```
collection=db.product
collection=db['product']
```

10. 插入数据

往集合中插入数据（文档）可以使用 insert() 方法，但是在 PyMongo3.x 版本中，官方已经不推荐使用 insert() 方法。当然，继续使用也没有什么问题。官方推荐往集合中插入数据的方法主要有以下两个：

（1）insert_one()：插入一条文档对象。

（2）insert_amny()：插入列表形式的多条文档对象。

例如：

```
import pymongo

prodcut={
    'pid': '156721',
    'pname': 'apple',
    'price': 1999
}
client=pymongo.MongoClient(host='localhost', port=27017)
db=client.test
collection=db.product
result=collection.insert_one(prodcut)
print(result)
```

与 insert() 方法不同，使用 insert_one() 返回的是 InsertOneResult 对象。

插入多条数据的代码如下：

```
import pymongo

prodcut1={
    'pid':'156721',
    'pname':'apple',
    'price':1999
}
prodcut2={
    'pid':'658786',
    'pname':'xiaomi',
    'price':4999
}
client=pymongo.MongoClient(host='localhost', port=27017)
db=client.test
collection=db.product
result=collection.insert_many([prodcut1, prodcut2])
print(result)
```

11. 查询

插入数据后，可以利用 find_one()、find_many、find() 方法进行查询，几个方法的作用如下：

（1）find_one()：查找一条文档对象。

（2）find_many()：查找多条文档对象。

（3）find()：查找所有文档对象。

以 find() 方法为例，介绍如何查询集合中的所有文档。代码如下：

```
import pymongo

client=pymongo.MongoClient(host='localhost', port=27017)
db=client.test
collection=db.product
result=collection.find({'price': 4999})
print(result)
for doc in result:
    print(doc)
```

运行结果如下：

```
<pymongo.cursor.Cursor object at 0x00000000031356D8>
{'_id': ObjectId('60950902afd7b941cf5b2862'), 'pid': '658786', 'pname':
'xiaomi', 'price': 4999}
```

它的返回结果是字典类型，可以发现多了 _id 属性，这是 MongoDB 在插入过程中自动添加的。

12. 更新

对于数据更新，可以使用 update() 方法，指定更新的条件和更新后的数据即可。但是官方不推荐使用，与插入数据类似，更新操作也分为 update_one() 方法和 update_many() 方法，这两种方法更加严格，它们的第二个参数需要使用 $ 类型操作符作为字典的键名。

更新一条文档的示例如下：

```
collection.update_one({'pid': '156721'}, {'$set': {'price': 3999}})
```

更新多条文档的示例如下：

```
collection.update_many({'pid': '156721'}, {'$set': {'price': 3999}})
```

update_one() 方法执行后会更新第一条符合条件的数据，如果使用 update_many() 方法，会将所有符合条件的数据都更新。

13. 删除

删除操作比较简单，直接调用 remove() 方法指定删除的条件即可，此时符合条件的所有数据都会被删除。例如：

```
collection.remove({'pid': '156721'})
```

同样，官方也提供了两个新的推荐方法：

（1）delete_one()：删除一条文档对象。

（2）delete_many()：删除所有符合条件的记录。

例如：

```
import pymongo

client=pymongo.MongoClient(host='localhost', port=27017)
db=client.test
collection=db.product
result=collection.delete_one({'pid': '156721'})
print(result.deleted_count)
result=collection.delete_many({'price': {'$lt': 1999}})
print(result.deleted_count)
```

它们返回的结果都是 DeleteResult 类型，可以调用 delete_count 属性获取删除的数据条数。delete_many() 如果不带参数，会将所有记录全部删除。例如：

```
collection.delete_many({})
```

8.4 使用 MySQL 存储网站电影信息

本节将利用前面所学的内容，爬取豆瓣电影 Top250 的数据，并将数据存储到 MySQL 数据库中。

8.4.1 页面分析

通过地址 https://movie.douban.com/top250 打开豆瓣排行榜首页，按【F12】键检查网页源代码，查看任意一个电影的 HTML 源代码。部分源代码如下：

```
<div class="hd">
   <a href="https://movie.douban.com/subject/1292052/" class="">
      <span class="title">肖申克的救赎</span>
      <span class="title"> / The Shawshank Redemption</span>
      <span class="other"> / 月黑高飞(港)/刺激1995(台)</span>
   </a>
   <span class="playable">[可播放]</span>
</div>
```

本次爬取的内容包括电影名称、评分、电影详情链接。通过查看源代码可以看到要获取电影名称首先需要找到名称所在的 <span> 标签，但文档中含有多个 <span> 标签，为了区分其他标签，需要向上查找对应的父标签 <a>。因此，最终查找的路径为 <a>/<span>/text()。

按照同样的方式就可以查找到评分与链接。

8.4.2　爬取全部页面

创建一个用作开发的文件 douban.py，在该文件中定义一个负责爬取网页的方法 douban()。具体实现步骤如下：

（1）导入 urllib 库。在 douban.py 文件中导入 urllib 库，如下所示：

```
import urllib.request
```

（2）准备请求的完整 URL。定义一个用于爬取电影信息的方法 douban()。在该方法中，需要提前准备好请求 URL 和请求头信息，请求的 URL 路径会随着页数的变化而变化。通过手动浏览，找到前四页的网址：

```
https://movie.douban.com/top250?start=0&filter=
https://movie.douban.com/top250?start=25&filter=
https://movie.douban.com/top250?start=50&filter=
https://movie.douban.com/top250?start=75&filter=
```

通过观察发现，整个 URL 可以分为两部分：一部分是基础 URL“https://movie.douban.com/top250?start=”；另一部分是 start 参数，数值以 25 的倍数向上增加，规律为 25×（页数 -1）。通过实际测试发现 filter 参数并没有作用，可以省略。

在 douban() 函数中，定义请求头和基本的 URL 路径。代码如下：

```
def douban():
     user_agent="Mozilla/5.0 (Windows NT 6.1; Win64; x64) AppleWebKit/537.36
(KHTML, like Gecko) Chrome/86.0.4240.75 Safari/537.36"
    headers={"User-Agent": user_agent}
    base_url="https://movie.douban.com/top250?start="
```

通过观察发现每页显示的电影条数为 25 条，共 10 页。要爬取 10 页的内容，需要定义一个可以遍历 10 次的循环，并在循环中拼接 10 页对应的 URL。代码如下：

```
for i in range(0, 10):
    full_url=base_url+str(i*25)
```

通过上面的完整路径发送请求到服务器，并从服务器返回所有的 HTML 页面。代码如下：

```
request=urllib.request.Request(full_url, headers=headers)
response=urllib.request.urlopen(request)
html=response.read()
print(html)
```

程序运行后，默认会先执行 if __name__ =='__main__' 语句，在该语句中，调用 douban() 方法，最终数据的结果如下：

```
b'<!DOCTYPE html>\n<html lang="zh-CN" class="ua-windows ua-webkit">\n<head>\n
...
```

8.4.3 通过 bs4 选取数据

获取所有的页面信息后，就可以通过 bs4 解析 HTML 源代码，并从中筛选出需要的信息。

首先导入 BeautifulSoup 类，代码如下：

```
from bs4 import BeautifulSoup
```

然后，将网页转换成一个完整的 HTML DOM，根据树结构搜索所有的 <div class="info"> 节点，并且保存到一个列表中。代码如下：

```
soup=BeautifulSoup(html, "lxml")
div_list=soup.find_all('div', {'class': 'info'})
```

遍历 div_list 列表，依次获取如下节点的具体信息：

（1）提取 <a> 节点的子节点 <span class="title"> 的文本，结果对应电影名称。

（2）提取 <div class="star"> 节点的子节点 <span class="rating_num"> 的文本，结果对应电影评分。

（3）提取 <a> 节点的 href 属性的值，结果对应电影详情链接。

按照上面的步骤，调用 find() 方法提取用到的数据。代码如下：

```
for node in div_list:
    title=node.find('a').find('span').text
    score=node.find('div', class_='star').find('span', class_='rating_num').text+'分'
    link=node.find('a')['href']
```

8.4.4 通过 MySQL 存储电影信息

首先通过以下代码在 MySQL 中创建对应的数据表：

```
CREATE TABLE doubanmovie(title TEXT, score TEXT, link TEXT) ENGINE INNODB
DEFAULT CHARSET=utf8;
```

导入用于操作 MySQL 数据库的库 pymysql。代码如下：

```
import pymysql
```

在 douban() 方法的上方添加代码，导入相应的库文件，创建数据库连接与光标。代码如下：

```
conn=pymysql.connect(host='localhost', user='root', passwd="123456",
db='douban', port=3306, charset='utf8')
cursor=conn.cursor()
```

然后在 douban() 方法中将获取到的数据插入数据库。代码如下：

```
cursor.execute("insert into doubanmovie (title, score, link) values(%s, %s , %s)",
    (str(title), str(score), str(link)))
```

最后在 if __name__ =='__main__' 下提交数据。代码如下：

```
conn.commit()
```

程序运行后，可以在 MySQL 中查看数据存储情况。

8.5 使用 MongoDB 存储网站音乐信息

本节将利用前面所学的内容，爬取豆瓣音乐 Top250 的数据，并将数据存储到 MongoDB 数据库中。

8.5.1 页面分析

通过地址 https://music.douban.com/top250 打开豆瓣排行榜首页，按【F12】键检查网页源代码，查看任意一个音乐的 HTML 源代码。部分源代码如下：

```
<div class="pl2">
    <a href="https://music.douban.com/subject/2995812/" onclick="moreurl(this,{i:'0',query:'',subject_id:'2995812',from:'music_subject_search'})">
        We Sing. We Dance. We Steal Things.
    </a>

    <p class="pl">Jason Mraz / 2008-05-13 / Import / Audio CD / 民谣 </p>

    <div class="star clearfix"><span class="allstar45"></span><span class="rating_nums">9.1</span>
        <span class="pl">
        (
            114173 人评价
        )
        </span></div>

</div>
```

本次爬取的内容包括音乐名称、评分、音乐详情链接、歌手、歌曲发行时间、歌曲类型。通过查看源码可以看到每一首歌曲都在一个 table 表格中，用户需要的数据都在 td 标签下的 div 标签中。

8.5.2 爬取全部页面

创建一个用作开发的文件 doubanmusic.py，在该文件中定义一个负责爬取网页的方法 douban()。具体实现步骤如下：

（1）导入 urllib 库。在 douban.py 文件中导入 urllib 库，如下所示：

```
import urllib.request
```

（2）准备请求的完整 URL。定义一个用于爬取电影信息的方法 douban()，在该方法中，需要提前准备好请求 URL 和请求头信息，请求的 URL 路径会随着页数的变化而变化。通过手动浏览，找到前四页的网址：

```
https://music.douban.com/top250?start=0&filter=
https://music.douban.com/top250?start=25&filter=
https://music.douban.com/top250?start=50&filter=
https://music.douban.com/top250?start=75&filter=
```

通过观察发现，整个 URL 可以分为两部分：一部分是基础 URL“https://music.douban.com/top250?start=”；另一部分是 start 参数，数值以 25 的倍数向上增加，规律为 25×（页数 -1）。通过实际测试发现 filter 参数并没有作用，可以省略。

在 douban() 函数中，定义请求头和基本的 URL 路径，代码如下：

```
def douban():
    user_agent="Mozilla/5.0 (Windows NT 6.1; Win64; x64) AppleWebKit/537.36 (KHTML, like Gecko) Chrome/86.0.4240.75 Safari/537.36"
    headers={"User-Agent": user_agent}
    base_url="https://music.douban.com/top250?start="
```

通过观察发现每页显示的电影条数为 25 条，共 10 页。要爬取 10 页的内容，需要定义一个可以遍历 10 次的循环，并在循环中拼接 10 页对应的 URL。代码如下：

```
for i in range(0,10):
   full_url = base_url+str(i*25)
```

通过上面的完整路径发送请求到服务器，并从服务器返回有以的 HTML 页面。代码如下：

```
request=urllib.request.Request(full_url, headers=headers)
response=urllib.request.urlopen(request)
html=response.read()
print(html)
```

程序运行后，默认会先执行 if __name__ == '__main__' 语句，在该语句中，调用 douban() 方法，最终数据的结果如下：

```
b'<!DOCTYPE html>\n<html lang="zh-CN" class="ua-windows ua-webkit">\n<head>\n
...
```

8.5.3 通过 bs4 选取数据

获取到所有的页面信息后，就可以通过 bs4 解析 HTML 源代码，并从中筛选出需要的信息。

首先导入 BeautifulSoup 类，代码如下：

```
from bs4 import BeautifulSoup
```

然后，将网页转换成一个完整的 HTML DOM，根据树结构搜索所有的 <div class="info"> 节点，并且保存到一个列表中。代码如下：

```
soup=BeautifulSoup(html, "lxml")
div_list=soup.find_all('div', {'class': pl2})
```

遍历 div_list 列表，依次获取如下节点的具体信息：

（1）提取 <a> 节点的文本，结果对应音乐名称。

（2）提取 <div class="star clearfix"> 节点的子节点 <span class="rating_nums"> 的文本，结果对应音乐评分。

（3）提取 <a> 节点的 href 属性的值，结果对应电影详情链接。

（4）提取 <p class_='pl'> 节点的文本，即可得到歌手、歌曲发行时间等信息，通过字符串截取即可获取到对应的信息。

按照上面的步骤，调用 find() 方法提取用到的数据。代码如下：

```
for node in div_list:
   title=node.find('a').text
```

```
        score=node.find('div', class_='star clearfix').find('span', class_='rating_
nums').text+'分'
        link=node.find('a')['href']
        author=node.find('p', class_='pl').get_text().split("/")[0]
        time=node.find('p', class_='pl').get_text().split("/")[1]
        list=node.find('p', class_='pl').get_text().split("/")
        type=list[len(list)-1]
```

上面提取出来的数据都要存储到 MongoDB 数据库，由于数据库只能插入字典类型的数据，所以每遍历一个 node，都将这些信息以键值对的形式保存到一个字典中。代码如下：

```
    data_dict={'音乐': title, '评分': score, '链接': link, '歌手': author, '发行时
间': time, '歌曲类型': type}
```

8.5.4　通过 MongoDB 存储音乐信息

导入用于操作 MongoDB 数据库的库 pymongo。代码如下：

```
    import pymongo
```

然后在 douban() 方法的上方添加代码，导入相应的库文件，创建数据库连接及创建数据库、数据集合。代码如下：

```
    clinet=pymongo.MongoClient()
    db=clinet.douban
    collection=db.music
```

最后在 douban() 方法中将获取到的数据插入数据库。代码如下：

```
    collection.insert_one(data_dict)
```

程序运行后，可以在 MongoDB 中查看数据存储情况。

第 9 章

爬虫框架 Scrapy

随着网络爬虫的应用越来越多，网站的反爬程度也越来越强。为了应对反爬机制和减少开发人员的工作量出现了一些爬虫框架，在这些框架的基础上，只需要添加少量的代码，就可以实现一个想要的爬虫。本章介绍一个使用最广泛的爬虫框架 Scrapy。

9.1 常见 Python 爬虫框架

网络爬虫的最终目的就是从网页中截取自己所需要的内容。最直接的方法当然是用 urllib 请求网页得到结果，然后再取得所需的内容。但如果所有的爬虫都这样写，工作量太大，所以才有了爬虫框架。

一般比较小型的爬虫需求，直接使用前面所学的知识即可解决。相对比较大型的需求才使用框架，主要是便于管理及扩展等。

使用 Python 语言开发的爬虫框架有很多，但是实现方式和原理大同小异，用户只需要深入掌握一种框架，对其他框架做简单了解即可。

1. Scrapy

Scrapy 是一个为了爬取网站信息，提取结构性数据而编写的应用爬虫框架，Scrapy 功能非常强大，爬取效率高，相关扩展组件多，可配置和可扩展程度非常高。其用途非常广泛，可用于爬虫开发、数据挖掘、数据监测、自动化测试等领域，是目前 Python 中使用最广泛的爬虫框架。

Scrapy 是一个基于 Twisted 的异步处理框架，是纯 Python 实现的爬虫框架，其架构清晰，模块之间的耦合程度低，可扩展性极强，可以灵活完成各种需求。用户只需要定制开发几个模块就可以轻松实现一个爬虫。

它支持自定义 Item 和 pipeline 数据管道；支持在 spider 中指定 domain(网页域范围) 以及相应的 Rule（爬取规则）；支持 XPath 对 DOM 的解析等。而且 Scrapy 还有自己的 shell，可以方便地调试爬虫项目和查看爬虫运行结果。

Scrapy 的官网地址是 https://scrapy.org/，界面如图 9-1 所示。

图 9-1　Scrapy 官网界面

2. Crawley

Crawley 是用 Python 开发出的、基于非阻塞（NIO）的 Python 爬虫框架，可以高速爬取对应网站的内容，支持关系和非关系数据库（如 MongoDB、Postgre、MySQL、Oracle、Sqlite 等），数据可以导出为 JSON、XML、CSV 等。

Crawley 框架官网地址是 http://project.crawley-cloud.com/。

3. Portia

Portia 是一个开源可视化爬虫工具，提供可视化的 Web 页面，可以在不需要任何编程知识的情况下爬取网站。用户只需要点击标注页面上需要抽取的数据，Portia 即可创建一个蜘蛛来从类似的页面提取数据（但是动态网页需要自己编写 JS 解析器）。

Portia 框架在 github 上的项目地址为 https://github.com/scrapinghub/portia，可以从该地址将 Portia 框架下载到本地使用。

除此之外，Portia 还提供了网页版，用户只需要注册一个账号，不需要下载框架就可以直接使用。网页版地址为 https://app.zyte.com/account/login/?next=/portia-redir/https://portia.scrapinghub.com/。

4. Newspaper

Newspaper 可以用来提取新闻、文章和内容分析。它是从 requests 库的简洁与强大得到灵感，使用 Python 开发的可用于提取文章内容的程序。

Newspaper 支持 10 多种语言并且所有的都是 unicode 编码，使用多线程下载文章，能够识别新闻网站的 URL、能够从网页中提取文本和图片，并且从文本中提取关键词、摘要和作者。

5. Grab

Grab 是一个用于构建 Web 刮板的 Python 框架。借助 Grab，可以构建各种复杂的网页爬取工具。Grab 提供一个 API 用于执行网络请求和处理接收到的内容，例如与 HTML 文档的 DOM 树进行交互。

6. Cola

Cola 是一个分布式的爬虫框架，对于用户来说，只需编写几个特定的函数，而无须关注分布式运行的细节。任务会自动分配到多台机器上，整个过程对用户是透明的。

7. Python-goose

Goose 本身是一个用 Java 语言编写的用于提取文章的框架，Python-goose 是用 Python 语言对 Goose 框架的重新实现。Python-goose 的设计目的是爬取新闻和网页文章，并从中提取以下内容：

（1）文章主体内容；

（2）文章主要图片；

（3）文章中嵌入的任何 YouTube/Vimeo 视频；

（4）元描述；

（5）元标签。

9.2 Scrapy 安装与配置

9.2.1 Windows 下的安装与配置

要安装 Scrapy 首先要具备 Python 的开发环境，而 Python 有 2.x 的版本和 3.x 两个版本，现在的主流是 Python 3，所以这里安装 Scrapy 也是基于 Python 3 的。

Scrapy 的安装方式很多，官网上给出了四种安装方法，PyPI、Conda、APT、Source 安装，这里使用 PyPI，也就是 pip 安装。由于 Windows 本身不带 Python，所以在安装之前需要安装 Python 3，然后就可以通过 pip 命令安装 Scrapy。

打开终端，输入以下命令：

```
pip install scrapy
```

安装完成后，在命令终端输入 scrapy，出现如图 9-2 所示的结果，表示安装成功。

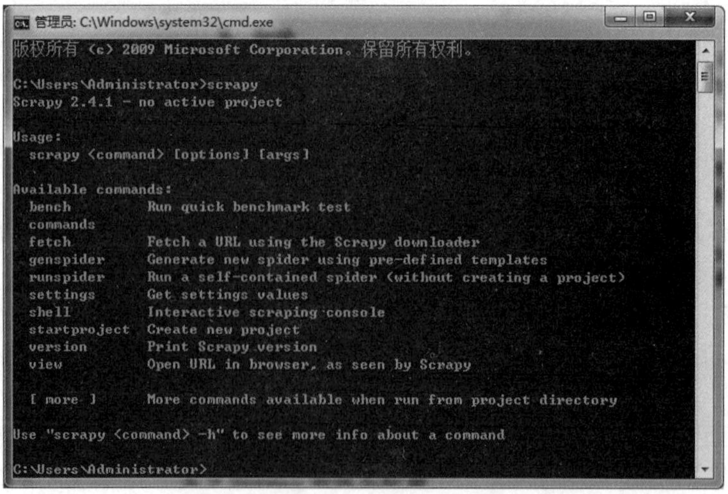

```
管理员: C:\Windows\system32\cmd.exe
版权所有 (c) 2009 Microsoft Corporation。保留所有权利。

C:\Users\Administrator>scrapy
Scrapy 2.4.1 - no active project

Usage:
  scrapy <command> [options] [args]

Available commands:
  bench         Run quick benchmark test
  commands
  fetch         Fetch a URL using the Scrapy downloader
  genspider     Generate new spider using pre-defined templates
  runspider     Run a self-contained spider (without creating a project)
  settings      Get settings values
  shell         Interactive scraping console
  startproject  Create new project
  version       Print Scrapy version
  view          Open URL in browser, as seen by Scrapy

  [ more ]      More commands available when run from project directory

Use "scrapy <command> -h" to see more info about a command

C:\Users\Administrator>
```

图 9-2 Windows 下的安装结果

9.2.2 Linux 下的安装与配置

这里还是以 Python 3 为例讲解如何在 Linux 中安装 Scrapy，使用的 Linux 版本为 CentOS 7。

在 Linux 中自带 Python 2，Python 2 在部分场景中仍然适用，所以首先需要在保留现有 Python 版本的基础上，再安装 Python 3。

在安装之前，应该先确定 Linux 上已经安装了最新的 Python 和 pip。在 Linux 上安装的命令与 Windows 相同，命令如下：

```
pip install scrapy
```

安装完成后，在命令终端输入 scrapy，出现如图 9-3 所示的结果，表示安装成功。

```
Scrapy 2.4.1 - no active project

Usage:
  scrapy <command> [options] [args]

Available commands:
  bench         Run quick benchmark test
  commands
  fetch         Fetch a URL using the Scrapy downloader
  genspider     Generate new spider using pre-defined templates
  runspider     Run a self-contained spider (without creating a project)
  settings      Get settings values
  shell         Interactive scraping console
  startproject  Create new project
  version       Print Scrapy version
  view          Open URL in browser, as seen by Scrapy

  [ more ]      More commands available when run from project directory

Use "scrapy <command> -h" to see more info about a command
```

图 9-3　Linux 下安装结果

9.2.3 MAC 下的安装与配置

如果使用的是苹果的 MAC 系统，要想在 MAC 中使用 Scrapy，首先需要在 MAC 中安装好 Scrapy，那么怎样在 Mac OS 下安装 Scrapy？

MAC 中同样自带 2.x 版本的 Python，可以打开终端，输入 python -V 命令查看，结果如下：

```
[admindeMac:~ admin$ python -V
Python 2.7.16
```

可以看到，此时系统自带的 Python 版本是 Python 2.7.16。

这里还是保留 Python 2，并安装 Python 3.x，让两个版本共存。这里分为两个步骤进行：

（1）保留 Python 2，安装 Python 3。

（2）使用 Python 3 的 pip 安装 Scrapy。

1. 安装 Python 3

在官网下载 Python 3 的安装包，官网界面如图 9-4 所示。

在界面上单击 Download Python 3.9.5 或者选择其他系统、其他版本的 Python，可以下载一个扩展名为 .pkg 的安装包到本地。双击后按照提示进行安装即可。

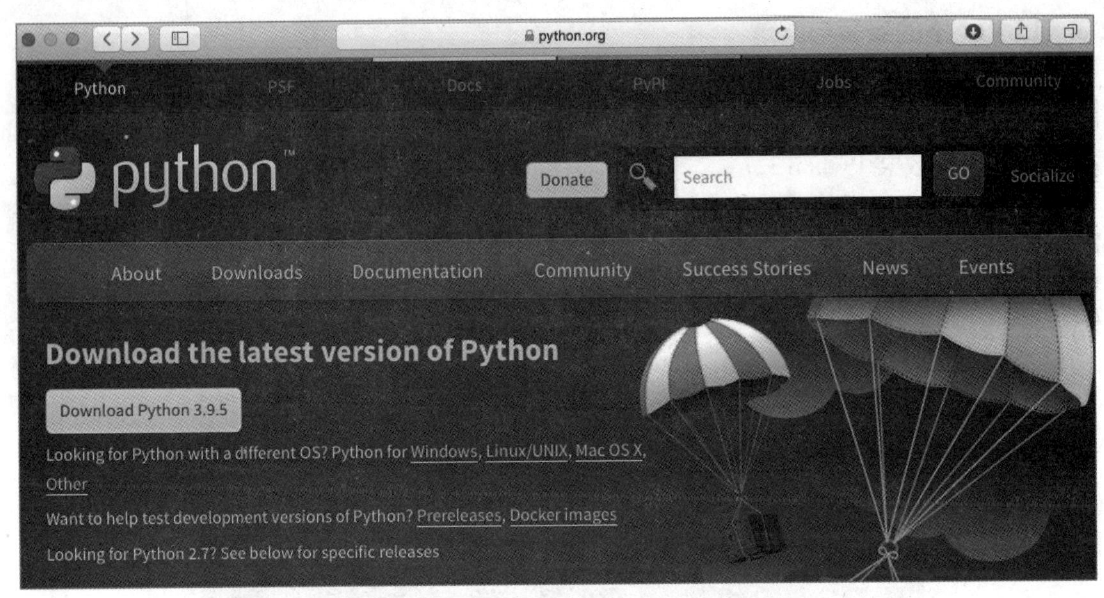

图 9-4 Python 官网界面

安装完成后在终端输入 Pythone 命令即可看到 Python 3.x 的版本信息。

```
[admindeMac:~ admin$ python3
Python 3.9.5 (v3.9.5:0a7dcbdb13, May 3 2021, 13:17:02)
[Clang 6.0 (clang-600.0.57)] on darwin
Type "help", "copyright", "credits" or "license" for more information.
```

2. 安装 Scrapy

Python 3 中自带pip命令,在终端使用命令python3 -m pip install scrapy即可安装Scrapy,如图9-5所示。

```
[admindeMac:~ admin$ python3 pin install scrapy
/usr/local/bin/python3: can't open file '/Users/admin/pin': [Errno 2] No such file or directory
admindeMac:~ admin$ python3 -m pin install scrapy
[/usr/local/bin/python3: No module named pin
admindeMac:~ admin$ python3 pip install scrapy
[/usr/local/bin/python3: can't open file '/Users/admin/pip': [Errno 2] No such file or directory
admindeMac:~ admin$ python3 -m pip install scrapy
Collecting scrapy
[  Downloading Scrapy-2.5.0-py2.py3-none-any.whl (254 kB)
     |████████████████████████████████| 254 kB 15 kB/s
Collecting service-identity>=16.0.0
  Downloading service_identity-21.1.0-py2.py3-none-any.whl (12 kB)
Collecting PyDispatcher>=2.0.5
  Downloading PyDispatcher-2.0.5.zip (47 kB)
     |████████████████████████████████| 47 kB 61 kB/s
Collecting cssselect>=0.9.1
  Downloading cssselect-1.1.0-py2.py3-none-any.whl (16 kB)
Collecting queuelib>=1.4.2
  Downloading queuelib-1.6.1-py2.py3-none-any.whl (12 kB)
Collecting protego>=0.1.15
  Downloading Protego-0.1.16.tar.gz (3.2 MB)
     |████████████████████████████████| 3.2 MB 70 kB/s
Collecting lxml>=3.5.0
  Downloading lxml-4.6.3-cp39-cp39-macosx_10_9_x86_64.whl (4.6 MB)
```

图 9-5 MAC 安装 Scrapy

安装完成后在终端输入 scrapy 命令,如果出现 Scrapy 版本信息,就说明 Scrapy 已经安装完成。

9.3 Scrapy 基本操作

9.3.1　项目创建

安装好 Scrapy 后，就可以利用 Scrapy 创建爬虫项目。使用 Scrapy 创建爬虫项目，可以使用 startproject 命令实现，命令格式如下：

```
scrapy startproject 项目名称
```

在创建项目之前，首先要选取合适的项目存储路径。进入自定义的项目目录，使用命令创建一个爬虫项目，命令如下：

```
scrapy startproject mySpider
```

结果如图 9-6 所示。

```
E:\>scrapy startproject mySpider
New Scrapy project 'mySpider', using template directory 'd:\python3.6\lib\site-p
ackages\scrapy\templates\project', created in:
    E:\mySpider

You can start your first spider with:
    cd mySpider
    scrapy genspider example example.com
```

图 9-6　创建 Scrapy 项目

9.3.2　文件介绍

startproject 命令会创建一个名为 mySpider 的项目，项目的结构如图 9-7 所示。

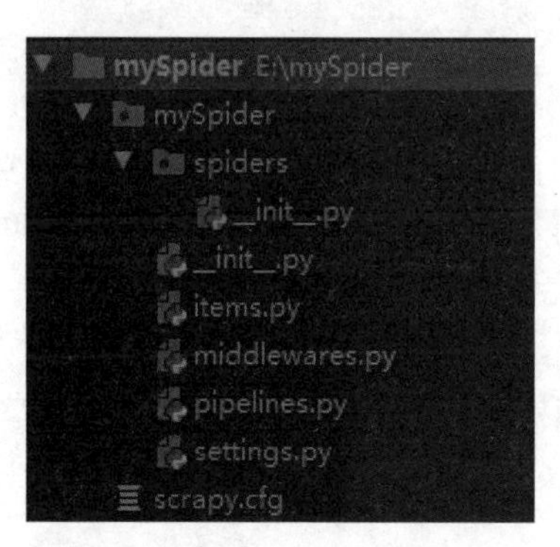

图 9-7　项目结构

各文件的内容与作用如下：

（1）最顶层的 mySpider 文件夹是项目名。

（2）第二层由与项目同名的文件夹 mySpider 和 scrapy.cfg 构成。这里的 mySpider 文件夹就是模块，通常称为包，所有的爬虫代码都在这个包中添加。scrapy.cfg 文件为该 Scrapy 项目的配置文件，其中的内容如下：

```
# Automatically created by: scrapy startproject
#
# For more information about the [deploy] section see:
# https://scrapyd.readthedocs.io/en/latest/deploy.html

[settings]
default=mySpider.settings

[deploy]
#url=http://localhost:6800/
project=mySpider
```

除了被注释的代码之外，该文件声明了两件事：

- 定义默认设置文件的位置为 mySpider 模块下的 settings 文件。
- 定义项目名称为 mySpider。

（3）第三层由五个 Python 文件和 spiders 文件夹构成。spiders 文件夹实际上也是一个模块。在这五个 Python 文件中，__init__.py 是空文件，主要作用是供 Python 导入使用。其他几个文件的作用如下：

- items.py 文件：其作用是定义爬取的项目，简单来说，就是定义爬取的字段信息。items.py 文件的内容如下：

```
# Define here the models for your scraped items
# See documentation in:
# https://docs.scrapy.org/en/latest/topics/items.html

import scrapy


class MyspiderItem(scrapy.Item):
    # define the fields for your item here like:
    # name=scrapy.Field()
    pass
```

- middlewares.py 文件：中间件文件，用于定义项目的目标实体。
- pipeline.py 文件：主要作用是处理爬虫数据。在实际爬虫项目中，主要用于爬虫数据的清洗和入库操作。pipeline.py 文件的内容如下：

```
# Define your item pipelines here
# Don't forget to add your pipeline to the ITEM_PIPELINES setting
# See: https://docs.scrapy.org/en/latest/topics/item-pipeline.html


# useful for handling different item types with a single interface
from itemadapter import ItemAdapter


class MyspiderPipeline:
    def process_item(self, item, spider):
        return item
```

- settings.py 文件：主要作用是对爬虫项目的一些设置，如请求头的填写、设置 pipeline.py 处理爬虫数据等。settings.py 文件的部分内容如下：

```
# Scrapy settings for mySpider project
#
# For simplicity, this file contains only settings considered important or
# commonly used. You can find more settings consulting the documentation:
#
#     https://docs.scrapy.org/en/latest/topics/settings.html
#     https://docs.scrapy.org/en/latest/topics/downloader-middleware.html
#     https://docs.scrapy.org/en/latest/topics/spider-middleware.html

BOT_NAME='mySpider'

SPIDER_MODULES=['mySpider.spiders']
NEWSPIDER_MODULE='mySpider.spiders'


# Crawl responsibly by identifying yourself (and your website) on the user-agent
#USER_AGENT='mySpider (+http://www.yourdomain.com)'

# Obey robots.txt rules
ROBOTSTXT_OBEY=True
```

9.3.3　代码编写

下面以 BOSS 直聘网站的招聘职位为例，需要爬取的字段有岗位名称、薪资、公司名称。网站地址为 https://www.zhipin.com/wuhan/，职位信息页面如图 9-8 所示。

图 9-8　职位信息页面

1. 创建 Item

Scrapy 使用 Item（实体）来表示要爬取的数据。Item 是保存爬取数据的容器，它的使用方法和字典类似。相比字典，Item 多了额外的保护机制，可以避免拼写错误或者定义字段错误。

创建 Item 需要继承 scrpay.Item 类，并且定义类型为 scrapy.Field 的字段。在创建项目时

Scrapy 框架已经在 items.py 文件中自动生成了继承自 scrapy.Item 的 MyspiderItem 类。用户只需修改 MyspiderItem 类的定义，为它添加属性即可。代码如下：

```
import scrapy

class MyspiderItem(scrapy.Item):
    name=scrapy.Field()
    salary=scrapy.Field()
    company=scrapy.Field()
```

在上述代码中，添加了三个属性：name、salary 和 company，分别用于表示岗位名称、薪资和公司名称。

2. 创建爬虫

可以在命令行或者 PyCharm 中创建一个爬虫，命令格式如下：

```
scrapy genspider 爬虫名称 "爬虫域"
```

在创建爬虫的命令中，需要为爬虫起一个名称，并规定该爬虫要爬取的网页域范围，也就是爬取域。

切换到 mySpider/mySpider/spiders 目录下后打开终端，执行如下命令：

```
scrapy genspider boss www.zhipin.com/
```

在 PyCharm 中打开项目，可以看到 boss.py 文件。该文件已经自动生成，内容如下：

```
import scrapy

class BossSpider(scrapy.Spider):
    name='boss'
    allowed_domains=['www.zhipin.com/']
    start_urls=['https://www.zhipin.com/wuhan/']
    def parse(self, response):
        pass
```

从代码中可以看到，自动创建的爬虫类名称是 BossSpider，它继承自 scrapy.Spider 类。scrapy.Spider 是 Scrapy 提供的爬虫基类，用户创建的爬虫类都需要从该类继承。

同时，name 属性值为 'boss'，name 属性代表的是爬虫名称（唯一），所以此时爬虫名称为 boss。

allowed_domains 属性代表的是允许爬虫运行的域名，如果启动了 OffsiteMiddleware，非允许的域名对应的网址会自动过滤掉，不再跟进。

start_urls 属性代表的是爬行的起始网址，如果没有特别指定爬取的 URL 网址，则会从该属性中定义的网址开始进行爬取。在该属性中，可以定义多个起始网址，网址与网址之间通过逗号隔开。爬虫第一次下载的数据将会从这些 URL 开始，其他子 URL 将会从这些 URL 中继承性地生成。

在这里，还有一个名为 parse 的方法，如果没有特别指定回调函数，该方法是处理 Scrapy 爬虫爬行到的网页相应（response）的默认方法。通过该方法，可以对响应进行处理并返回处理后的数据，同时该方法也负责链接的跟进。

下面对生成的 BossSpider 类进行自定义修改。首先将 start_urls 的值修改为需要爬取的第一个 URL。代码如下：

```
start_urls=['https://www.zhipin.com/wuhan/']
```

要想提取需要的数据，首先要打开网页源代码，定位目标数据，源码代如图 9-9 所示。

```
<!--职位tab列表-->
▼<div class="common-tab-box merge-city-job">
  ▶<div class="box-title">…</div>
  ▶<h3>…</h3>
  ▼<ul class="cur"> == $0
    ▼<li>
      ▼<div class="sub-li">
        ▼<a href="/job_detail/e60012bfdf7bb6991nV72Nu4EVJX.html" ka="index_rcmd_job_1" class="job-info" target=
        "_blank">
          ▼<div class="sub-li-top">
              <p class="name">音视频软件开发工程师</p>
              <div class="guide-app-download-icon"></div>
              <p class="salary">18-25K·14薪</p>
            </div>
          ▶<p class="job-text">…</p>
          </a>
        ▼<div class="sub-li-bottom">
          ▶<a href="/gongsi/a8ee52e47437113c0XN42tm1Fw~~.html" ka="index_rcmd_company_1" class="user-info" target=
          "_blank">…</a>
          ▼<a href="/gongsi/a8ee52e47437113c0XN42tm1Fw~~.html" class="sub-li-bottom-commany-info" target="_blank">
              <span class="name">武汉联影</span>
              <span class="type">医疗设备/器械</span>
              <span class="vline"></span>
              <span class="level">不需要融资</span>
            </a>
          </div>
        </div>
      </li>
```

图 9-9　热招职位源代码

观察发现，所有的职位信息都在 ul 标签里。例如，要找到岗位名称，需要定位到对应的 div 标签，对应的层级关系为 ul → li → div → a → div → p。同样，其他信息也可以类似的方法获得。

分析并了解到目标数据的展示结构后，就可以通过代码解析 HTML 进行数据提取。

在 BossSpider.py 中加入如下代码：

```
1 def parse(self, response):
2     # with open("boss.html", "w", encoding="utf-8") as file:
3     #     file.write(response.text)
4     items=[]
5     for each in response.xpath("//ul[@class='cur']"):
6         item=MyspiderItem()
7         name=each.xpath("//li//div//a//div//p[@class='name']/text()").extract()
8         time=each.xpath("//li//div//a//div//p[@class='salary']/text()").extract()
9         company=each.xpath(
10            "//li//div//div//a[@class='sub-li-bottom-commany-info']//span[@class='name']/
  text()").extract()
11        item["name"]=name[0]
12        item["salary"]=time[0]
13        item["company"]=company[0]
14        items.append(item)
15    return items
```

代码分析：

第 4 行代码，定义了一个存放招聘信息的集合。

第 5~15 行定义 parse() 函数，该函数的参数为 response，也就是请求网页返回的数据。其中，第 6 行初识化 item，将得到的数据封装到一个 MyspiderItem 对象，第 7~15 行为数据爬取到存储的过程，利用 xpath 语法就可以得到包含元素的列表，但需要使用 extract() 方法才可以获取到正确的数据（extract 方法返回的是 Ubicode 字符串）。最后的 return 表示直接返回数据，不经过 pipeline。

此时在终端中执行 scrapy crawl boss 命令运行爬虫，就可以看到如图 9-10 所示的结果信息。

```
{'company': '本初子午', 'name': '软件工程师', 'salary': '15-30K·14薪'}
```

图 9-10　结果信息

除了使用命令运行外，还可以在 PyCharm 中运行。要想通过 PyCharm 运行项目，需要在项目中添加一个文件，例如 start.py，内容如下：

```
from scrapy import cmdline
cmdline.execute("scrapy crawl boss".split())
```

添加完成后，在 PyCharm 运行这个文件即可执行项目。

3. 存储数据

运行完 Scrapy 后，只在控制台看到了结果输出。如果想保存结果该怎么办？

要完成这个任务其实不需要任何额外的代码，Scrapy 提供的 Feed Export 可以轻松地将爬取结果输出，其中比较简单的有以下四种：

```
# 输出 JSON 格式，默认为 Unicode 编码
scrapy crawl boss -o boss.json
# 输出 JSON LINE 格式，默认为 Unicode 编码
scrapy crawl boss -o boss.jsonl
# 输出 CSV 格式，使用逗号表达式，可用 Excel 打开
scrapy crawl boss -o boss.csv
# 输出 XML 格式
scrapy crawl boss -o boss.xml
```

通过这些方法，可以轻松地输出爬取结果到文件。对于一些小型项目来说，这应该足够了。如果想要更复杂的输出，如输出到数据库等，可以使用 Item Pipeline 来完成。

4. 使用 Item Pipeline

要实现 Item Pipeline 很简单，只需要定义一个类并实现 process_item() 方法即可。启用 Item Pipeline 后，Item Pipeline 会自动调用这个方法。process_item() 方法必须返回包含数据的字典或 Item 对象，或者抛出 DropItem 异常。

process_item() 方法有两个参数：一个参数是 item，每次 Spider 生成的 Item 都会作为参数传递过来；另一个参数是 spider，就是 Soider 的实例。

下面使用 Item Pipeline 将结果保存到 MongoDB，代码如下：

```
1 import pymongo
2
3
4 class MyspiderPipeline:
5     def __init__(self):
6         client=pymongo.MongoClient()
7         boss=client['boss']
```

```
8        boss_info=boss['boss_info']
9        self.post=boss_info
10
11    def process_item(self, item, spider):
12        info=dict(item)
13        self.post.insert(info)
14        return item
```

代码分析：

第 1 行导入 pymongo 第三方库，用于对 MongoDB 数据库的操作。

第 5~9 行用于连接 MongoDB 数据库和创建集合（表），第 11~14 行用于存入数据库。

要想将数据存入数据库，还需要在 settings.py 文件中修改如下配置：

```
ITEM_PIPELINES={
   'mySpider.pipelines.MyspiderPipeline': 300,
}
```

ITEM_PIPELINES 表示指定爬取的信息用 pipelines.py 处理。

Item Pipeline 除了可以保存结果数据外，还可以验证爬取的数据，检查 Item 包含的某些字段；查重，并丢弃重复数据。

9.3.4　常用命令

用户可进入任意一个已经创建好的 Scrapy 爬虫项目，执行 Scrapy -h 命令来查看在项目中可用的命令，如图 9-11 所示。

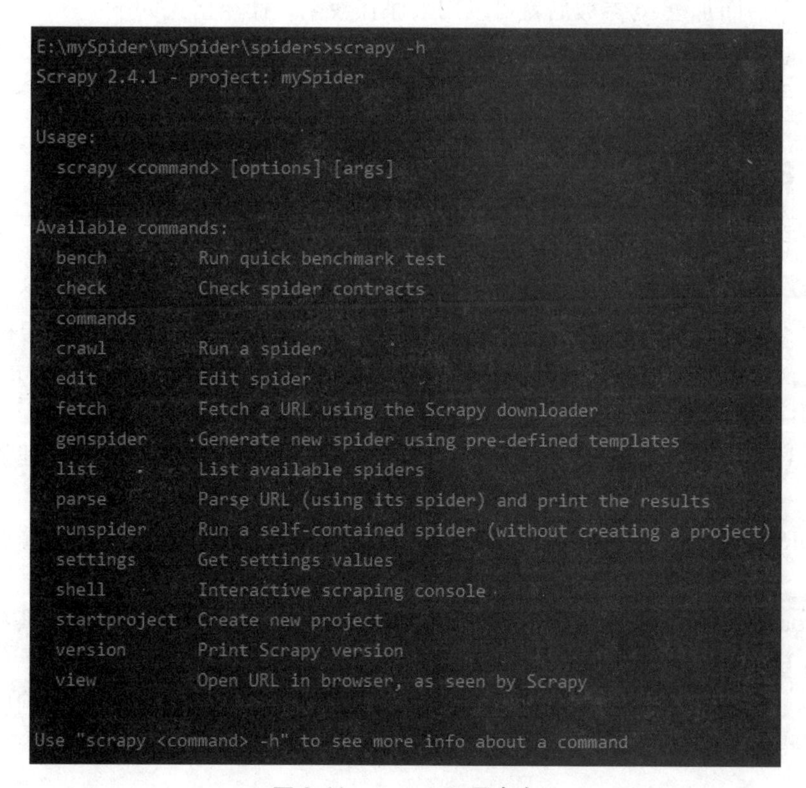

图 9-11　scrapy 可用命令

这里选取 startproject、genspider、crawl 几个主要的命令进行讲解。

1. startproject

在前面已经使用过这个命令，主要用来创建项目。

2. genspider

可以使用 genspider 命令来创建 Scrapy 文件，这是一种快速创建爬虫文件的方式。

使用该命令可以基于现有的爬虫模板生成一个新的爬虫文件，非常方便。同样，需要在 Scrapy 爬虫项目目录中才能使用该命令。

命令格式如下：

```
scrapy genspider 爬虫名称 "爬虫域"
```

例如：

```
scrapy genspider boss "www.zhipin.com"
```

3. crawl

可以通过 crawl 命令启动某个爬虫，命令格式如下：

```
scrapy crawl 爬虫名称
```

例如：

```
scrapy crawl boss
```

需要注意的是，crawl 后面跟的是爬虫名称，而不是项目名。

另外，在命令后面加上 -o 参数后就可以用来保存数据。命令格式如下：

```
scrapy  crawl  爬虫名称  -o  保存数据的文件名
```

9.4 Scrapy 架构

9.4.1 Scrapy 框架介绍

Scrapy 是一个基于 Twisted 的处理框架，是纯 Python 实现的爬虫框架。其架构清晰，模块之间的耦合程度低，可扩展性极强，可以灵活完成各种需求。图 9-12 所示为 Scrapy 的架构。

从图 9-12 中可以看出，Scrapy 框架主要包含以下组件：

（1）Scrapy Engine（引擎）：整个 Scrapy 架构的核心，负责控制整个数据处理流程，以及触发一些事务处理。

（2）Scheduler（调度器）：接收引擎发过来的请求并将其加入队列中，在引擎再次请求时将请求提供给引擎。

（3）Downloader（下载器）：负责下载 Scrapy Engine 发送的所有请求，并将其获取到的相应数据交还给 Scrapy Engine，由 Scrapy Engine 交给 Spider 处理。

（4）Spiders（爬虫）：定义爬取的逻辑和网页的解析规则。它主要负责解析响应并生成提取结果和新的请求，将需要跟进的 URL 提交给引擎，再次进入 Scheduler。

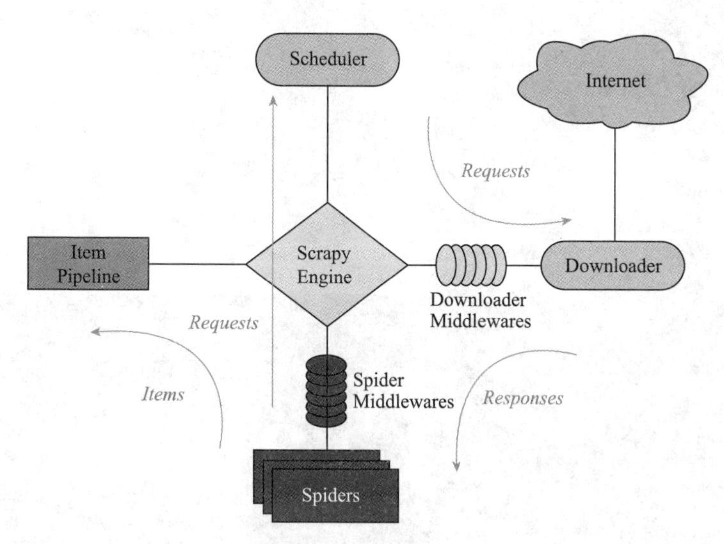

图 9-12　Scrapy 的架构

（5）Item Pipeline（管道）：接收从 Spiders 中提取出来的项目（item），然后会对这些 item 进行对应的处理。常见的处理主要有清洗、验证、存储到数据库等。

（6）Downloader Middlewares（下载中间件）：位于引擎和下载器之间的钩子框架，主要处理引擎与下载器之间的请求和响应，是一个可以自定义扩展功能的组件。

（7）Spider Middlewares（Spider 中间件）：位于引擎和爬虫之间的钩子框架，主要处理爬虫输入的响应和输出的结果及新的请求（例如，进入 Spiders 的 Responses 和从 Spiders 出去的 Requests）。

9.4.2　数据流

Scrapy 中的数据流由引擎控制，数据流的过程如下：

（1）Engine 首先打开一个网站，找到处理该网站的 Spider，并向该 Spider 请求第一个要爬取的 URL。

（2）Engine 从 Spider 中获取到第一个要爬取的 URL，封装成 Request 并交给调度器。

（3）Engine 向 Scheduler 请求下一个要爬取的 URL。

调度器返回下一个要爬取的 URL 给引擎，Engine 将 URL 通过下载中间件转发给 Downloader 下载。

一旦页面下载完毕，Downloader 生成该页面的 Response，并将其通过 Downloader Middlewares 发送给 Engine。

（4）Engine 从下载器中接收到 Response，并将其通过 Spider Middlewares 发送给 Spider 处理。

（5）Spider 处理 Response，并返回爬取到的 Item 及新的 Request 给 Engine。

（6）Engine 将 Spider 爬取到的 Item 给 Item Pipeline，将新的 Request 给 Scheduler。

从第（2）步开始重复，直到 Scheduler 中没有更多的 Request。

第10章 CrawlSpider

在前面学习了如何编写自动爬取网页的爬虫，用户可以通过分析网页的URL地址格式，然后通过拼接URL的形式来获取每个页面上的数据。其实，在Scrapy框架中，提供了一种自带的自动爬取网页的爬虫CrawlSpider，它能够自动爬取具有一定规则的网站上的所有网页数据。

10.1 CrawlSpider简介

Scrapy框架在scrapy.spiders模块中提供了CrawlSpiders类专门用于自动爬取。CrawlSpiders类是Spider的派生类，Spider类的设计原则是只爬取start_url列表中的网页，而CrawlSpider类定义了一些规则来提供跟进link的方便机制，对于从爬取的网页中获取link并继续进行爬取工作更适合。

使用如下命令创建一个名为cwboss的爬虫项目。

```
scrapy startproject cwboss
```

创建爬虫项目后，可以进入该项目，并通过scrapy genspider -l命令查看该爬虫项目下拥有的爬虫模板。代码如下：

```
scrapy genspider -l
```

结果如下：

```
Available templates:
basic
crawl
csvfeed
xmlfeed
```

从结果中可以看到，有一个名为crawl的模板，该模板就是CrawlSpider爬虫的模板。如果要创建一个CrawlSpider爬虫，可以依据crawl爬虫模板创建。例如，依据crawl爬虫模板创建一个名为whbase的CrawlSpider爬虫：

```
scrapy genspider -t crawl whbase zhipin.com
```

其中，选项 -t 表示模板，crawl 表示模板的名称，使用该命令指定了爬虫创建时使用的模板为crawl。

模板内容如下：

```
import scrapy
from scrapy.linkextractors import LinkExtractor
from scrapy.spiders import CrawlSpider, Rule


class WhbaseSpider(CrawlSpider):
    name='whbase'
    allowed_domains=['zhipin.com']
    start_urls=['http://zhipin.com/']

    rules=(
        Rule(LinkExtractor(allow=r'Items/'), callback='parse_item', follow=True),
    )
    def parse_item(self, response):
        item={}
        #item['domain_id']=response.xpath('//input[@id="sid"]/@value').get()
        #item['name']=response.xpath('//div[@id="name"]').get()
        #item['description']=response.xpath('//div[@id="description"]').get()
        return item
```

在上面的代码中，rules 用来设置自动爬行规则，LinkExtractor 为链接提取器，一般可以用提取页面中满足条件的链接，以供下一次爬行使用。

如果想知道一种模板中是什么内容，可以使用命令 scrapy genspider -t template（如 crawl）进行查看。在创建爬虫时，如果不指定模板，则默认使用 basic 模板创建爬虫。

10.2 LinkExtractor 链接提取

通常，在爬取某个网站时都是爬取每个标签下的某些内容，往往一个网站的主页后面会包含很多物品或者信息的详细内容。如果只提取某个大标签下的某些内容，会显得效率较低，大部分网站都是按照固定的套路（也就是固定模板，把各种信息展示给用户），LinkExtrator 就非常适合整站爬取。

LinkExtractor 类的唯一目的就是从网页中提取需要跟踪爬取的链接。它按照规定的提取规则来提取链接，这个规则只适用于链接，不适用于普通文本。

在 rules 部分中的 LinkExtractor 就是链接提取器，如下所示：

```
rules=(
    Rule(LinkExtractor(allow=r'Items/'), callback='parse_item', follow=True),
)
```

Scrapy 框架在 scrapy.linkextractors 模块中提供了 LinkExtractor 类专门用于表示链接提取类，但是用户也可以自定义一个符合特定需求的链接提取类，只需要让它实现一个简单的接口即可。

链接提取器主要负责将 response 响应中符合条件的链接提取出来，这些条件可以自行设置。源码中涉及的参数如下：

```
def __init__(
    self,
    allow=(),
    deny=(),
    allow_domains=(),
    deny_domains=(),
    restrict_xpaths=(),
    tags=('a', 'area'),
    attrs=('href',),
    canonicalize=False,
    unique=True,
    process_value=None,
    deny_extensions=None,
    restrict_css=(),
    strip=True,
    restrict_text=None,
)
```

各参数含义如下：

（1）allow (str or list)：其值为一个或多个正则表达式组成的元祖，URL 必须匹配才能提取的单个正则表达式或正则表达式列表。如果没有给定或为空，它将匹配所有链接。

（2）deny (str or list)：一个单独的正则表达式或正则表达式的列表，URL 必须匹配才能被排除，即不提取。它优先于 allow 参数。如果未给定或为空，则不会排除任何链接。

（3）allow_domains (str or list)：包含用于提取链接的域的单个值或字符串列表。

（4）deny_domains (str or list)：包含域的单个值或字符串列表，这些域不会被视为提取链接的域。

（5）restrict_xpaths (str or list)：是一个 xpath 或 xpath 的列表，它定义响应中应该从中提取链接的区域。如果给定，则只扫描由这些 xpath 选择的文本中的链接。

（6）tags (str or list)：提取链接时要考虑的标记或标记列表，默认为 ('a', 'area')。

（7）attrs (list)：在查找要提取的链接时应考虑的属性或属性列表（仅适用于在 tags 参数），默认为 ('href',)。

（8）canonicalize (bool)：规范化每个提取的 URL（使用 w3lib.url.canonicalize_url），默认为 False。注意，规范化 URL 用于重复检查；它可以更改服务器端可见的 URL，因此对于使用规范化 URL 和原始 URL 的请求，响应可能不同。如果使用 linkextractor 跟踪链接，那么保持默认链接更为可靠。

（9）unique (bool)：是否对提取的链接进行去重过滤，默认值为 True。

（10）process_value（collections.abc.Callable）：一种函数，接收从扫描的标记和属性中提取的每个值，并能修改该值并返回一个新值，或返回 None 完全忽略链接。

（11）deny_extensions (list)：提取链接时应忽略的包含扩展名的字符串的单个值或列表。例如，['bmp','gif',''jpg',] 表示排除包含有这些扩展名的 URL 地址。

（12）restrict_css (str or list)：一个 CSS 选择器（或选择器列表），它定义响应中应该从中提取链接的区域。

（13）strip (bool)：表示是否要将提取的链接地址前后的空格去掉，默认值为 True。

（14）restrict_text (str or list)：链接文本必须匹配才能提取的单个正则表达式（或正则表达式列表）。如果没有给定（或为空），它将匹配所有链接。如果给出了一个正则表达式列表，若链接与至少一个匹配，则将提取该链接。

10.3 CrawlSpider 实战

这里以唯众官网为例，讲解如何配合 rules 使用 CrawlSpider。图 10-1 所示为官网页面，可以看到，它的数据是分页显示的。

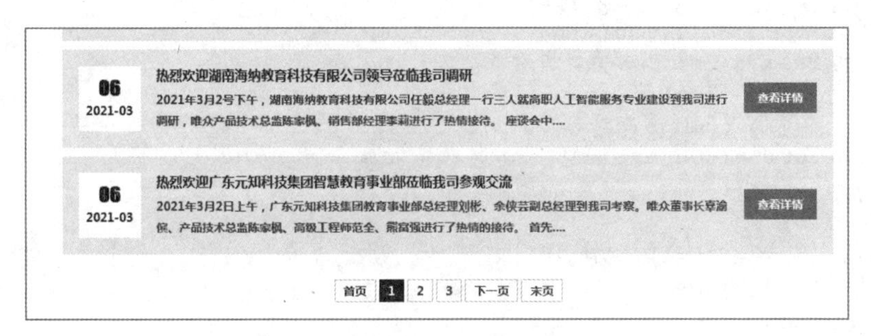

图 10-1　唯众官网页面

网站的页面 URL 格式是 http://www.whwzzc.com/news/list_3_1.html，list_3_ 后的数字就是每一页的页数，依次加 1 就表示下一页的地址。具体实现步骤如下：

1. 编写爬虫文件

```
import scrapy
from scrapy.linkextractors import LinkExtractor
from scrapy.spiders import CrawlSpider, Rule
from Wz.items import WzItem


class WzSpider(CrawlSpider):
    name='wz'
    allowed_domains=['www.whwzzc.com']
    start_urls=['http://www.whwzzc.com/news/list_3_1.html']
    # 链接提取器 (LinkExtractor)：只使用正则表达式，提取当前页面满足 allow 条件的连接
    rules=(
        # 规则解析器，需要解析所有的页面，所以 follow=True
        Rule(LinkExtractor(allow=r'list_3_\d'), callback='parse_item', follow=True),
    )
    # 解析页面标题
    def parse_item(self, response):
        node_list=response.xpath("//ul[@class='list-4']")
        for node in node_list:
            item=WzItem()
            item['title']=node.xpath("//li//div[@class='text']//h4/text()").extract()
            # 将 itme 对象传给管道
            yield item
```

2. 编写 item 文件

```
import scrapy

class WzItem(scrapy.Item):
    title=scrapy.Field()
```

3. 编写 pipelines 文件

```
import json


class WzPipeline:
    # 打开 wz.json
    def open_spider(self, spider):
        self.f=open("wz.json", "w", encoding="utf-8")
    # 将传入的 item 转成 json 格式，并存入该文件
    def process_item(self, item, spider):
        content=json.dumps(dict(item), ensure_ascii=False)
        self.f.write(content)
        return item
    # 关闭文件
    def close_spider(self, spider):
        self.f.close()
```

4. 启用管道等信息

在配置文件中启用管道等信息，如图 10-2 所示。

图 10-2　启用管道等信息

从该项目的实现可以看出，自动爬虫类 CrawlSpider 类不需要在代码中手动构建下一页的 URL，而是通过 Rule 规定的规则自动爬取网页上的特定链接。这种实现方式进一步简化了代码，并且爬虫受网页元素的影响也更少。即使网页的 UI 风格发生变化，只要 URL 的格式不变，爬虫就不需要更改。

下面在项目中添加一个新文件 start.py，用于执行爬虫，代码如下：

```
from scrapy import cmdline
cmdline.execute('scrapy crawl wen'.split())
```

运行 start.py 文件，就能自动执行爬虫。然后，打开项目目录下生成的 wz.json 文件，就可以看到从该网站上爬取的数据。

第 11 章

图像识别与文字处理

当人们不想让自己的文字被网络机器人采集时，把文字做成图片放在网页上是常用的办法。在一些联系人通讯录里经常可以看到，一个邮箱地址被部分或全部转换成图片。人们可能觉察不出明显的差异，但是机器人阅读这些图片会非常困难，这种方法可以防止多数垃圾邮件发送器轻易地获取用户的邮箱地址。

利用这种人类用户可以正常读取但是大多数机器人都没法读取的图片，就出现了验证码（CAPTCHA）。

本章主要介绍如何使用光学字符识别（Optical CharacterRecognition，OCR）自动化处理验证码问题。

11.1 OCR 概述

目前，许多网站采取各种各样的措施来反爬虫，其中一个措施就是使用验证码。随着技术的发展，验证码的花样越来越多。验证码最初是几个数字组合的简单的图形验证码，后来加入了英文字母和混淆曲线。有的网站还可能看到中文字符的验证码，这使得识别愈发困难。

视频

OCR技术

为了解决将图像翻译成字符的问题，Python 中引入了光学字符识别技术（Optical Character Recognition，OCR），而 Tesseract 是目前公认最优秀和最精确的开源 OCR 系统。为了能够支持 Tesseract，Python 专门提供了 pytesseract 库来处理图像文字以辅助开发。

在读取和处理图像、图像相关的机器学习以及创建图像等任务中，Python 一直都是非常出色的语言。虽然有很多库可以进行图像处理，但这里只介绍两个库：Tesseract 和 Pillow、Pytesseract。

11.1.1 Tesseract

Tesseract 是一个 OCR 库，由 Google 赞助，是目前公认最优秀、最精确的开源 OCR 系统，具有精确度高、灵活性高等特点。它不仅可以通过训练识别出任何字体（只要字体风格保持不变即可），而且可以识别出任何 Unicode 字符。

在 Windows 系统上，要使用 Tesseract，需要先安装 Tesseract-OCR 引擎（https://github.com/UB-Mannheim/tesseract/wiki），如图 11-1 所示。

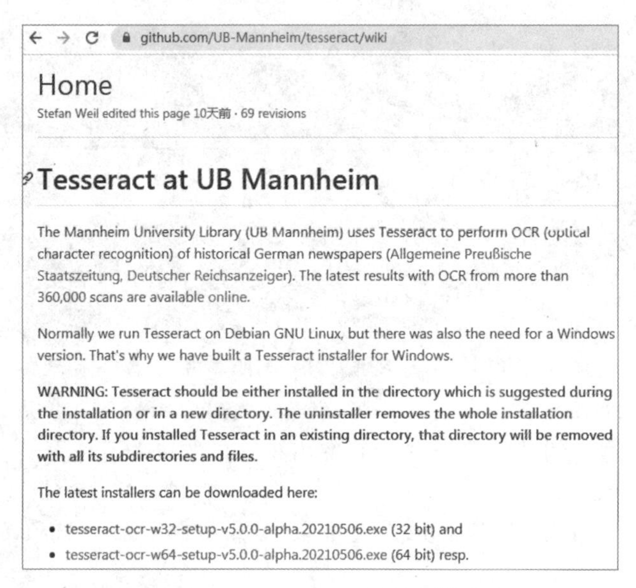

图 11-1　Tesseract-OCR 下载页面

下载完成后双击文件，按照默认设置进行安装。默认情况下，安装文件会为其配置系统环境变量，以指向安装目录。这样，就可以在任意目录下使用 tesseract 命令运行。

打开命令行窗口，输入 tesseract 命令进行验证。如果安装成功，则会输出如图 11-2 所示信息。

```
C:\Users\Administrator>tesseract
Usage:
  tesseract --help | --help-extra | --version
  tesseract --list-langs
  tesseract imagename outputbase [options...] [configfile...]

OCR options:
  -l LANG[+LANG]        Specify language(s) used for OCR.
NOTE: These options must occur before any configfile.

Single options:
  --help                Show this help message.
  --help-extra          Show extra help for advanced users.
  --version             Show version information.
  --list-langs          List available languages for tesseract engine.
```

图 11-2　验证 tesseract

11.1.2 Pillow 和 pytesseract

1. Pillow

PIL（Python Imaging Library）已经是 Python 平台事实上的图像处理标准库。PIL 功能非常强大，但由于 PIL 仅支持到 Python 2.7，于是一群志愿者在 PIL 的基础上创建了兼容的版本，名为

Pillow，加入了许多新特性，支持最新 Python 3.x，因此，可以直接安装使用 Pillow。

PIL 库中一个非常重要的类是 Image 类，该类定义在与它同名的模块中。创建 Image 类对象的方法有很多种，包括从文件中读取得到，或者从其他图像经过处理得到，或者创建全新的对象。

要加载图像，就从 Pillow 导入 Image 模块，并调用 Image.open()，传入图像的文件名。

Image 模块是在 Python PIL 图像处理中常见的模块，对图像进行基础操作的功能基本都包含于此模块内，如 open、save、conver、show 等功能。下面对一些常用函数和方法进行简单介绍。

（1）new()：Pillow 提供了 Image.new() 函数，它返回一个 Image 对象。这很像 Image.open()，不过 Image.new() 返回的对象表示空白的图像。new() 函数的定义格式如下：

```
Image.new(mode, size, color=0)
```

上述函数用于创建一个新图像。其中，mode 表示模式，例如 'RGBA'，表示将颜色模式设置为 RGBA；size 表示大小，接收两个整数元祖，作为新图像的宽度和高度；color 是单个值，表示图像开始采用的背景颜色，是一个表示 RGBA 值的四整数元祖。可以用 ImageColor.getcolor() 函数的返回值作为这个参数。另外，Image.new() 也支持传入标准颜色名称的字符串。

（2）open()：Image.open() 函数的返回值是 Image 对象数据类型，它是 Pillow 将图像表示为 Python 值的方法。可以调用 Image.open()，传入文件名字符串，从一个图像文件（任何格式）加载一个 Image 对象。open() 函数的定义格式如下：

```
open(fp, mode="r")
```

其中，fp 表示字符串形式的文件名称，mode 参数可以省略，但只能设置为 "r"。如果载入文件失败，则会引起一个 IOError 异常，否则返回一个 Image 类对象。

创建图像对象后，可以通过 Image 类提供的方法处理这些图像。下面以 save() 和 point() 方法进行说明。

（3）save()：通过 save() 方法，对 Image 对象的所有更改都可以保存到图像文件中（也是任何格式）。语法格式如下：

```
save(self, fp, format=None, **params)
```

上述方法将以特定的图片格式来保存图片。此时保存文件的文件名就变得十分重要了，除非指定格式，否则这个库将会以文件名的扩展名作为格式保存。使用给定的文件名保存图像。如果变量 format 缺省，则从文件名称的扩展名判断文件的格式。例如：

```
Image.save("test.jpg", "JPG")
```

或者

```
save("test.jpg")
```

（4）point()：通过 point() 方法，可以对图像的像素值进行变换。语法格式如下：

```
point(self, lut, mode=None)
```

在大多数场合中，可以使用函数（带一个参数）作为参数传递给 point() 方法，图像的每个像素都会使用这个函数进行变换。例如：

```
# 每个像素乘以 1.2
out=im.point(lambda i:i*1.2)
```

如果图像的模式为“I（整数）”或者“F（浮点）”，用户必须使用 function 方式。格式如下：

```
argument * scale+ offset
```

其中，argument 表示参数，scale 表示倍率，offset 表示偏移量。

例如：

```
out=im.point(lambda i: i * 1.2 + 10)
```

2. pytesseract

pytesseract 是一款用于光学字符识别（OCR）的 Python 工具，即从图片中识别和读取其中嵌入的文字。pytesseract 是对 Tesseract-OCR 的一层封装，同时也可以单独作为 Tesseract 引擎的调用脚本，支持使用 PIL 库（Python Imaging Library）读取各种图片文件类型，包括 jpeg、png、gif、bmp、tiff 等格式。作为脚本使用时，pytesseract 将打印识别出的文字，而不是将其写入文件。

在 pytesseract 库中，提供如下函数将图像转换成字符串：

```
image_to_string(image, lang=None, boxes=False, config=None)
```

上述函数用于在指定的图像上运行 tesseract。首先将图像写入到磁盘，然后在图像上运行 tesseract 命令进行识别读取，最后删除临时文件。其中，image 表示图像，lang 表示语言，默认使用英文。如果 boxes 设为 True，那么 batch.nochop makebox 命令被添加到 tesseract 调用中；如果设置了 config，则配置会添加到命令中，例如 config = -psm6。

11.2 处理规范格式的文字

图像中的文字最好比较干净，且格式规范。通常，格式规范的文字具有以下几个特点：

（1）使用一个标准字体（不包含手写体、草书，或者十分花哨的字体）。

（2）虽然被复印或拍照，字体还是很清晰，没有多余的痕迹或污点。

（3）排列整齐，没有歪歪斜斜的字。

（4）没有超出图片范围，也没有残缺不全，或紧紧贴在图片的边缘。

（5）文字的一些格式问题在图片预处理时可以进行解决。例如，可以把图片转换成灰度图，调整亮度和对比度，还可以根据需要进行裁剪和旋转。

图 11-3 所示为格式规范文字的图像。

This is some text, written in Arial, that will be read by
Tesseract. Here are some symbols: !@#$%^&*()

图 11-3 格式规范的图像

可以通过 pytesseract 将上面图片中的文字提取出来，代码如下：

```
import pytesseract
from PIL import Image
```

```
image=Image.open('1.png')
text=pytesseract.image_to_string(image)
print(text)
```

运行结果如下：

```
This is some text, written in Arial, that will be read by
Tesseract. Here are some symbols: |@#$%"8"()
```

从结果看，还是比较准确的，不过有部分符号出现了错误，比如符号“^”和“*”被识别成了双引号。

图 11-3 是一种理想模式，如果图片比较模糊，并且有背景颜色，识别效果就会很差，如图 11-4 所示。

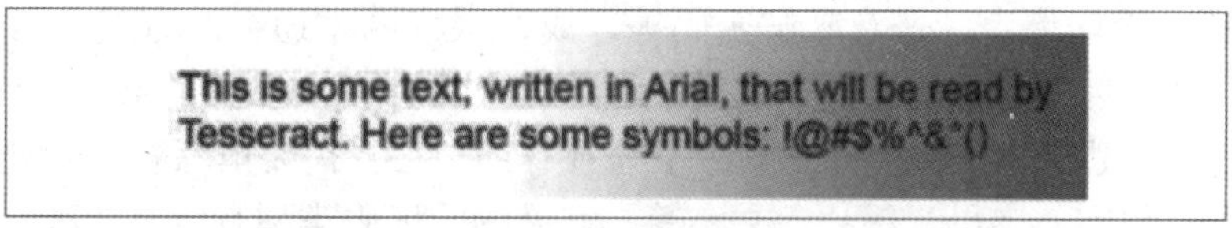

图 11-4　比较模糊且有背景颜色的图像

随着背景色从左到右不断加深，文字变得越来越难以识别，遇到这类问题，可以先过滤掉图片中的背景色，留下文字。利用 Pillow 库，可以创建一个阈值过滤器来去掉渐变的背景色，只把文字留下来，从而让图片更加清晰，之后通过对 Tesseract 引擎处理后的图像进行文字识别。代码如下：

```
import pytesseract
from PIL import Image


def cleanFile(file, newfile):
    image=Image.open(file)
    # 对图片进行阈值过滤，然后保存
    image=image.point(lambda x: 0 if x<143 else 255)
    image.save(newfile)
    text=pytesseract.image_to_string(image)
    print(text)


if __name__ == '__main__':
    cleanFile("1.png", "2.png")
```

保存后的新图片如图 11-5 所示。

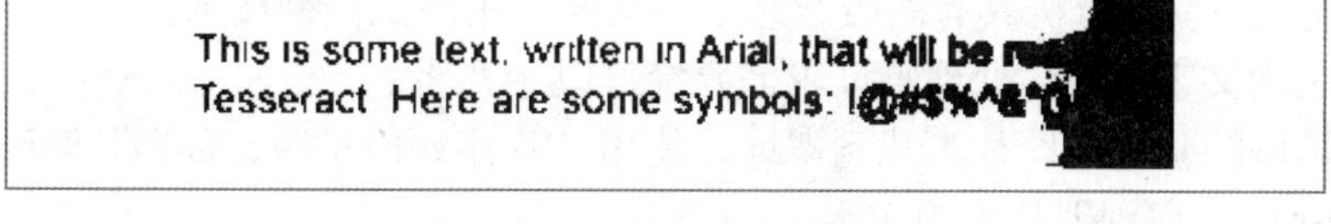

图 11-5　阈值过滤后的图像

运行结果如下：

```
This is some text, written in Arial, that will be reg
```

```
Tesseract Here are some symbols: I@QaS%*&'
```

除了一些标点符号不太清晰或丢失，大部分文字都被读出来了。

另外，在一些图像中可能有中文字符。默认情况下，pytesseract 只能识别英文字符，要识别中文字符，需要在调用 image_to_string() 函数时指定使用中文字库。代码如下：

```
pytesseract.image_to_string(image, lang="chi_sim")
```

11.3 验证码读取

验证码是一种区分用户是计算机还是人的公共全自动程序，能够有效阻止自动脚本反复提交垃圾数据，如刷屏、论坛灌水、恶意破解密码等，成了很多网站通行的方式。由于计算机无法解答验证码的问题，所以能回答出问题的用户就被认为是人类。

在日常生活中，在进行各类设计个人账户安全操作时，往往需要填写各种验证码来进行验证，这些验证码的类型有数字、字母、图片、文字等。常见的验证码类型有以下几种：

1. 数字验证码

比较常见的是短信验证码和语音验证码，一般是由系统将验证码短信发送到用户填写的手机号码或者系统记录好的手机号码上，或者拨打该手机号码给客户语音播报验证码。此类验证码一般由 4 ～ 6 个数字组成。

2. 字母验证码

常见于短信验证和网站应用，其中网站应用，尤其是购物网站更为常见。展现形式为：在页面的验证码输入框附近以图片的形式展示字母，用户通过识别字数获取验证码。此类验证码一般由四个字母组成，也有字母与数字的混合组合，一般不区分大小写。

3. 文字验证码

常见于网站应用。展现形式与字母验证码相似，在验证码输入框附近以图片形式展示文字，用户通过识别图片中的文字获取验证码。此类验证码一般由四个文字（汉字）组成。

4. 图片验证码

图片验证码是指将一串随机产生的数字或符号生成一幅图片，图片里加上一些干扰像素（如画数条直线或数个圆点），常见于网站应用。其展现形式为根据页面提示选择正确的图片。

除了以上四种验证码之外，还有一种比较少见的验证码类型，就是通过数学等式获取验证码，比如，系统的验证条件为“4-1=”或“4 减 1=”，用户可以明显的得出答案是 3，那么这个验证码就是 3，只要在指定位置输入数字 3 就能完成验证。

智力测试验证码的样式繁多、五花八门，出题的方式可以是文字或图片，想攻破这种验证码具有相当大的难度，需要计算机具有高级智慧，并且要兼用图像识别技术。

与处理图像上的文字类似，处理验证码需要经过以下几步：

（1）将需要验证的验证码图片下载到本地，使用 PIL 库处理干净，如图片降噪、切割等。

（2）利用 Tesseract 识别图片中的文字。

（3）返回符合网站要求的识别结果。